全国高职高专园林类专业"十二五"规划教材

园林工程施工技术

主　编　肖创伟　赵晓平
副主编　王守富　竹　丽　杨　静
主　审　杨祖达

黄河水利出版社
·郑州·

内 容 提 要

本教材系统地阐述了园林工程施工技术的基本原理与工作方法，注重培养学生的工程施工技能。在写法上力求简明扼要、重点突出、范例实用、图文并茂，注重直观，具有可操作性。教材结构按工程建设的先后顺序编写，内容充实全面。全书内容包括建筑工程材料、园林土方工程、园林道路工程、山石水景工程、园林水电工程、树木栽植工程、草坪建植工程、屋顶花园与垂直绿化工程等8章内容。

本书可供高职高专院校园林专业及相关、相近专业学生使用，也可供广大园林工作者阅读参考。

图书在版编目(CIP)数据

园林工程施工技术/肖创伟，赵晓平主编. —郑州：黄河水利出版社，2011.1

全国高职高专园林类专业“十二五”规划教材

ISBN 978-7-80734-965-5

Ⅰ.①园… Ⅱ.①肖… ②赵… Ⅲ.①园林-工程施工-施工技术-高等学校：技术学校-教材 Ⅳ.①TU986.3

中国版本图书馆CIP数据核字(2010)第251398号

策划编辑：韩美琴　李洪良　马广州　0371-66024331　66023343

出 版 社：黄河水利出版社

地址：河南省郑州市顺河路黄委会综合楼14层　邮政编码：450003

发行单位：黄河水利出版社

发行部电话：0371-66026940、66020550、66028024、66022620(传真)

E-mail：hhslcbs@126.com

承印单位：黄河水利委员会印刷厂

开本：787 mm×1 092 mm　1/16

印张：11.75

字数：270千字　　印数：1—4 100

版次：2011年1月第1版　　印次：2011年1月第1次印刷

定价：24.00元

全国高职高专园林类专业“十二五”规划教材

编审委员会

参编院校

《园林工程施工技术》编审人员名单

主　编　肖创伟　湖北生态工程职业技术学院

　　　　赵晓平　黑龙江农垦农业职业技术学院

副主编　王守富　湖北生态工程职业技术学院

　　　　竹　丽　长沙环境保护职业技术学院

　　　　杨　静　湖北生物科技职业学院

参　编　肖锦波　武汉金地房地产开发有限公司

　　　　何利华　湖北生态工程职业技术学院

　　　　朱永兴　河南农业职业学院

主　审　杨祖达　华中农业大学

出版说明

近年来,随着社会的进步和人们生活水平的提高,人类对生存环境的质量要求越来越高,园林作为生态环境建设的重要组成部分和提高人类生存环境质量的重要凭借手段,越来越受到环境决策者和建设者的重视,特别是在城市,生态园林建设已成为解决社会快速发展所带来的环境问题的主要方式之一,因而以服务和改造室内外环境为基本内容的园林专业也随之迅速发展,新观念、新技术不断涌现,社会对园林工程专业高素质技能型人才的要求也不断提高。

为了配合全国高职高专园林类专业的教学改革与教材建设规划,按照国家对高职高专园林专业人才培养目标定位和市场对园林专业人才生态知识及实践技能的要求,在对现有园林工程专业教材出版情况进行深入调研并充分征求了各课程主讲老师意见的基础上,我社组织出版了这套"全国高职高专园林类专业'十二五'规划教材"。教材的编写立足于高起点、出精品,本着知识传授与能力培养并重的原则,以培养园林高级专业技术人才为目标,着重加强职业教育的技能培养特色,重点突出实验、实训教学环节。

本系列教材的编写和出版得到了全国20多所园林类高职高专院校的大力支持,我们特别邀请了多所高等院校相关专业的老师对稿件进行了严格审查把关。正是由于他们的辛勤工作和无私奉献,才使得这些教材能够在最短的时间内付梓印刷,并有效保证了教材的整体水平和质量。在此,对推进此次教材编写与出版工作的各院校领导、参编和审稿的老师表示衷心的感谢和诚挚的敬意。

诚然,人才的培养需要教育者长期坚持不懈的努力,好的教材也需要经过时间的考证和实践的检验。希望各院校在使用这些教材的过程中提出改进意见与建议,以便再版时不断修改和完善。

黄河水利出版社

出版说明

[illegible]

黄河水利出版社

前　言

现代园林是城市建设的重要基础设施，具有生态服务、景观文化、休闲活动等重要功能。随着社会经济的日益发展和物质文化生活水平的不断提高，人们对人居环境质量的要求越来越高；倡导天人合一，建设人与自然和谐社会已成为当今人们的共识和社会发展的必然趋势，由此极大地促进了园林建设事业的蓬勃发展和园林工程技术的不断进步。与此同时，其对园林专业技术人才的需求也与日俱增，尤其是园林工程施工技术方面的人才需求尤为突出。为了满足园林工程施工技术高技能人才培养的需要，我们编写了这本《园林工程施工技术》教材。

本教材包括建筑工程材料、园林土方工程、园林道路工程、山石水景工程、园林水电工程、树木栽植工程、草坪建植工程、屋顶花园与垂直绿化工程等8章内容。

本教材在编写过程中力求概念明确，文字简练，内容充实，图文并茂，突出实用，结合生产实际，体现当代科技成果，贯彻最新标准和规范，使园林工程设计与施工得以有机结合。

本教材由华中农业大学杨祖达教授主审，由湖北生态工程职业技术学院肖创伟、赵晓平、王守富统稿。具体编写分工如下：绪论由河南农业职业学院朱永兴编写，第一章、第八章由黑龙江农垦农业职业技术学院赵晓平编写，第二章由王守富编写，第三章和第四章由长沙环境保护职业技术学院竹丽编写，第五章由王守富和武汉金地房地产开发有限公司肖锦波编写，第六章由湖北生物科技职业学院杨静编写，第七章由肖创伟和湖北生态工程职业技术学院何利华编写。

由于时间仓促，加之编者水平所限，不妥之处，恳请读者批评指正。

编　者

2010年10月

目　录

前　言
绪　论 ………………………………………………………………………………………… (1)
1　园林工程施工技术的发展 ……………………………………………………………… (1)
2　园林工程施工的特点 …………………………………………………………………… (2)
3　现代园林工程发展趋势 ………………………………………………………………… (3)
第1章　建筑工程材料 ……………………………………………………………………… (4)
1.1　钢　材 ……………………………………………………………………………… (4)
1.2　水　泥 ……………………………………………………………………………… (6)
1.3　砂　石 ……………………………………………………………………………… (10)
1.4　混凝土 ……………………………………………………………………………… (14)
1.5　砂　浆 ……………………………………………………………………………… (17)
1.6　墙体材料 …………………………………………………………………………… (19)
1.7　石　材 ……………………………………………………………………………… (21)
1.8　气硬性无机胶凝材料——石灰 …………………………………………………… (24)
1.9　沥青及防水材料 …………………………………………………………………… (26)
1.10　木　材 ……………………………………………………………………………… (30)
第2章　园林土方工程 ……………………………………………………………………… (35)
2.1　园林地形与表现 …………………………………………………………………… (35)
2.2　地形分析与竖向设计 ……………………………………………………………… (42)
2.3　土方工程与施工 …………………………………………………………………… (49)
第3章　园林道路工程 ……………………………………………………………………… (54)
3.1　园路的基本功能 …………………………………………………………………… (54)
3.2　园路的基本类型 …………………………………………………………………… (55)
3.3　园路线形设计 ……………………………………………………………………… (56)
3.4　园路结构 …………………………………………………………………………… (57)
3.5　园路工程施工技术 ………………………………………………………………… (61)
3.6　园路工程技术要求 ………………………………………………………………… (66)
3.7　园路面层有关检验标准 …………………………………………………………… (67)
第4章　山石水景工程 ……………………………………………………………………… (69)
4.1　园林假山工程概述 ………………………………………………………………… (69)
4.2　假山设计与布局 …………………………………………………………………… (73)
4.3　假山置石的材料 …………………………………………………………………… (76)
4.4　假山叠石施工技术 ………………………………………………………………… (82)

4.5 塑石假山施工技术 …… (87)
4.6 水景分类 …… (90)
4.7 水体功能与作用 …… (94)
4.8 水景施工技术 …… (95)
4.9 水池工程 …… (101)
4.10 水景景观注意事项 …… (104)
4.11 水景景观项目实例——某小区小水池景观的施工过程 …… (105)
第5章 园林水电工程 …… (107)
5.1 园林给水工程 …… (107)
5.2 园林排水工程 …… (110)
5.3 园林灌溉工程 …… (117)
5.4 园林照明工程 …… (120)
第6章 树木栽植工程 …… (127)
6.1 树木栽植工程概述 …… (127)
6.2 乔灌木栽植工程 …… (129)
6.3 大树移植工程 …… (137)
6.4 大树移植技术范例 …… (146)
第7章 草坪建植工程 …… (148)
7.1 草坪坪床整理 …… (148)
7.2 草坪排灌设施 …… (151)
7.3 草坪种植施工 …… (153)
第8章 屋顶花园与垂直绿化工程 …… (157)
8.1 屋顶花园的基础知识 …… (157)
8.2 屋顶花园的安全要求 …… (157)
8.3 屋顶花园的防水处理 …… (160)
8.4 排(蓄)水材料和隔离过滤材料 …… (163)
8.5 种植基质层 …… (167)
8.6 植物选择与种植 …… (171)
8.7 垂直绿化的形式及适宜的绿化材料 …… (172)
8.8 垂直绿化的种植环境及采取的相应措施 …… (174)
8.9 栽植的要求 …… (175)
参考文献 …… (176)

绪 论

长期以来,人们习惯于将“执技艺以为器物”的行业称为“工”;把“物之准”称为“程”。“程”还含有期限和进程、过程的词义。于是“工程”可理解为工艺过程。本课程研究的中心内容是如何在综合发挥园林的生态效益、社会效益和经济效益的前提下,处理园林工程施工与风景园林景观之间的关系,探索园林工程施工工艺过程;这要求园林施工人员具有良好的园林工程施工技术技能。

1 园林工程施工技术的发展

园林发展的历史,就是园林工程发展的历史,从有文字记载的殷周的囿算起,已有3 000多年的历史。公元前11世纪周文王筑灵台、灵沼、灵囿,让天然的草木滋生,鸟兽繁育,供帝王贵族狩猎游乐,它涉及土方工程技术、植物栽植技术。总体来说其园林工程技术还比较粗糙,没有形成自己的系统。春秋战国时期,已出现人造山,人造假山应该算园林工程中出现的第一个专属工程技术,从中可以看出园林施工开始由最初的简单粗放向专业化方向演变,技术要求越来越强。秦汉出现大规模的挖湖堆山工程,秦始皇统一中国,在营造宫室中的园林时“引渭水为池,筑为蓬、瀛”,说明此时园林湖池技术已经形成,并开始大面积使用;汉代上林苑的建章宫内建太液池,池内有“蓬莱、方丈、瀛洲”三山,这种“一池三山”之制成为后世池山的布置范例。汉代造山以土山为主,但在袁广汉园中已构石为山,且能高十余丈,足见掇山技术已有发展;从理水形式上,水景与雕塑结合,开始利用水景与其他园林要素配合,并且越来越重视水体在园林施工中的应用。魏晋到南北朝360余年间自然山水园得到发展,由单纯的模仿自然山水进而进行概括、提炼甚至于抽象化,不仅说明当时对自然山水艺术的认识,同时也说明土木石作技术、叠石堆山技术达到一定的水平。唐宋在文化和工程技术方面更为发达,写意山水园在此开始形成。而元、明、清的宫苑多采用集锦的方式,集全国名园之大成,以北京的颐和园、圆明园为代表,将筑山、理水和造园推向极致,同时在圆明园中开始吸收西方造园技艺。

中国园林经历代的画家、士大夫、文人和工匠创造、发展,其造园技艺独特而精湛,在园林工程技术方面取得了丰硕的成果。其一,掇山技术已经炉火纯青,到宋代已明显地形成一门专门技艺;其二,理水与实用性有机结合;其三,“花街铺地”在世界上独树一帜,冰裂纹、梅花、鹅卵石子地,其用材价格低廉、结构稳固、样式丰富多彩;其四,中国古代园林不仅积累了丰富的实践经验,还从实践中开始总结造园理论,如明代计成的《园冶》。

2 园林工程施工的特点

2.1 园林工程施工的综合性

园林工程是一门涉及广泛、综合性很强的学科,园林工程所涉及的不仅仅是简单的建筑和种植,更重要的是在建造的过程中,要遵循美学的特点,对所建工程进行艺术加工;园林施工人员必须要在看懂园林景观设计图纸的同时,理解景观设计师的意图,所建工程才能符合设计的要求,甚至还能使所建景观锦上添花;园林工程还涉及施工现场的测量技术、园林建筑及园林小品施工技术、园林植物的生长发育规律及生态习性、种植与养护技术等方面的知识,这也势必对园林工程技术人员提出更高的综合能力的要求。

2.2 园林工程施工的复杂性

我国的园林大多建设在城镇,或者在自然景色较好的山、水之间,由于城镇地理位置的特殊性和大多山、水地形的复杂多变,因此对园林工程建设施工提出了更高的要求。特别是在施工准备中,要重视工程施工场地的科学布置,以便尽量减少工程施工用地,减少施工对周围居民生活生产的影响;其他各项准备工作也要完全充分,才能确保各项施工手段得以运用。

从园林工程施工本身看,园林工程施工涉及的知识广泛,包括园林美学与园林艺术、土建和植物的种植与养护、气候、土壤及植物的病虫害防治等方面的知识,在施工过程中园林建造师还需要有一定的组织管理能力,才能使工程以较低成本、高质量地按期交工。

从园林工程施工人员管理上看,由于园林工程施工过程中,涉及施工队伍内部人员的管理,还涉及与建设单位、监理单位进行协调。因此,园林施工技术人员在园林工程的施工过程中,不仅要掌握熟练的园林施工技能,还要有相应的管理及社交能力,以保证施工的顺利进行。

2.3 园林工程施工的规范性

在园林工程施工中,要建设一个普通的、毫无特色的园林并不难,但要建成具有游览、观赏和游憩功能,既能改善人的生活环境,又能改善生态环境的精品工程,就必须用高水平工艺才能实现。因而,园林工程施工工艺总是比一般工程施工的工艺复杂,要求更严,标准也高。

2.4 园林工程施工的专业性

园林工程施工的内容繁多,且各种工程的专业性极强,因而施工技术人员的专业性也要强。不仅园林工程施工中亭、榭、廊等建筑的内容复杂各异,现代园林工程施工中的各类点缀小品的施工也具有各自不同的专业要求,如常见的假山、置石、水景、园路、栽植播种等工程施工,其专业性亦很强。这些都要求施工人员必须具备一定的专业知识和独门的专业施工技术技能。

3 现代园林工程发展趋势

3.1 设计要素的创新

由于科技的发展,新材料、新技术的应用,现代园林设计师具备了超越传统材料限制的条件,通过选用新颖的建筑或装饰材料,达到只有现代园林才能具备的质感、色彩、透明度、光影等特征,或达到传统材料无法达到的规模,这在一些具有创新或前卫精神的设计师身上已经开始反映出来。另外,科技的进步,使得一些传统材料的处理方式有所突破,并且使得园林及环境设计的设计要素在表现手法上更加宽广和自由。

3.2 形式与功能的结合

与传统园林的服务对象和装饰与观赏性不同,现代园林越来越大众化,如何使园林满足越来越多的使用功能已成为设计师们所关心与致力解决的基本问题之一。形式建立在功能之上,并且力求简明与合乎目的。多数设计师都会以形式与功能的有机结合为主要的设计原则。

3.3 传统园林的继承

由于传统园林在其形成过程中已树立和具备了社会的认可的形象和含义,借助于传统的形式与内容去寻找新的含义或形成新的视觉形象,既可以使设计内容与历史文化联系起来,又可以结合当代人的审美趣味,使设计具有现代感。

3.4 自然的精神的再现

大自然是海尔普林许多作品的重要灵感之源。在深深理解大自然及其秩序、过程与形式的基础上,他以一种艺术抽象的手段再现了自然的精神,而不是简单地移植或模仿。我们需要重新认识大自然,体验自然过程的抽象之道,并将这种抽象的自然过程移植到城市中。

3.5 生态理论的应用

早在 1969 年,麦克·哈格的《设计结合自然》就提出了综合生态规划的思想。这种将多学科知识应用于解决规划实践问题的生态决定论方法对西方园林产生了深远影响,现已广为普通设计师所理解、掌握并运用。在生态与环境思想的引导下,园林中出现了一些改善与恢复环境的工程技术措施,并被逐渐采用。在人与自然矛盾愈来愈突出的今天,园林工程中的生态方法将会被更为广泛地使用。

第1章 建筑工程材料

1.1 钢 材

1.1.1 结构钢材

结构钢材主要分普通碳素结构钢、优质碳素结构钢、低合金高强度结构钢3类。

1.1.1.1 普通碳素结构钢

这类碳素钢中,碳的含量一般为0.06%~0.38%,可用来制造大多数要求不高的机械零件和一般工程构件,如钢板、圆钢、方钢、工字钢、角钢、钢筋等。碳素结构钢牌号的表示方法如下:

Q	□□□	□	□
|	|	|	|
“屈服点”中“屈”字的汉语拼音的第一个字母	屈服强度数值(MPa)	质量等级 Q195、Q275不分等级 Q215、Q255分A、B级 Q235分A、B、C、D级	脱氧方法 F—沸腾钢 b—半镇静钢 Z—镇静钢(可省略) TZ—特殊镇静钢(可省略)

注:A级要求保证化学成分和力学性能,B级还要求做常温冲击试验,C、D级另外要求做重要焊接结构试验。

1.1.1.2 优质碳素结构钢

这类钢因有害杂质较少,其强度、塑性、韧性均比普通碳素结构钢好,主要用于较重要的机械零件。根据类别和含锰量的不同,其牌号表示方法如下:

□□	□	Mn	□
|	|	|	|
钢中平均含碳量(以万分之几计)	脱氧方法 F—沸腾钢 b—半镇静钢 Z—镇静钢(可省略) TZ—特殊镇静钢(可省略)	锰元素:含Mn量较高(0.70%~1.00%)时标出	质量等级(优质不标) A—高级优质 E—特级优质

1.1.1.3 低合金高强度结构钢

一般合金元素总量<3%。加入元素以锰为主,并辅以钒、钛、铌、硅、铜、磷等。低合金高强度结构钢的牌号表示方法如下:

Q	□□□	□
“屈服点”中“屈”字汉语拼音的第一个字母	屈服强度数值(MPa)	质量等级 Q295 分 A、B 级 Q460 分 C、D、E 级 Q345、Q390、Q420 分 A～E 五级

1.1.2　钢筋

混凝土结构用的普通钢筋可分为热轧钢筋和冷加工钢筋两类。园林建筑工程一般使用热轧钢筋。

热轧钢筋是经热轧成型并自然冷却的成品钢筋，分为热轧光圆钢筋和热轧带肋钢筋。强度等级按照屈服强度(MPa)分为 235 级、335 级、400 级、500 级。园林建筑混凝土结构经常用到的只有 HPB235 和 HRB335 两种。

1.1.2.1　常用钢筋的规格、外形

常用的光圆钢筋直径型号(mm)有 6.5、8、10、12、14、16、18、20、22、25、28 等；一般情况 6.5～10 mm 的光圆钢筋以盘条形式为出厂产品，便于运输和存放。10 mm 以上的光圆钢筋以直条形式出厂，按长度分定尺和不定尺，定尺长度为 6 m 和 9 m。

常用的带肋钢筋直径型号(mm)有 6、8、10、12、14、16、18、20、22、25、28、32 等。一般出厂产品都是直条，常见定尺长度为 6 m 和 9 m(见图 1-1、图 1-2)。

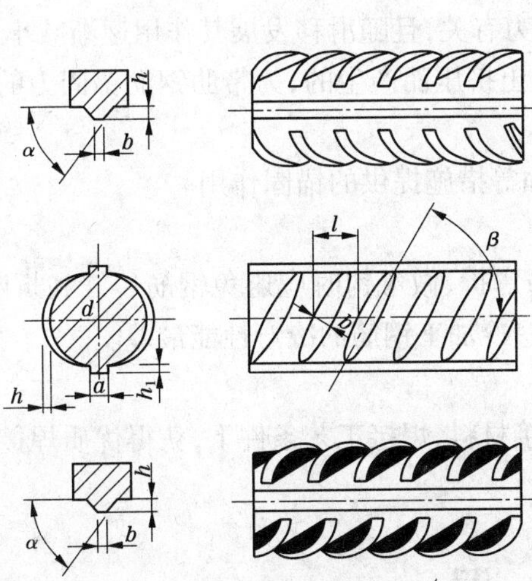

图 1-1　月牙肋钢筋表面及截面形状

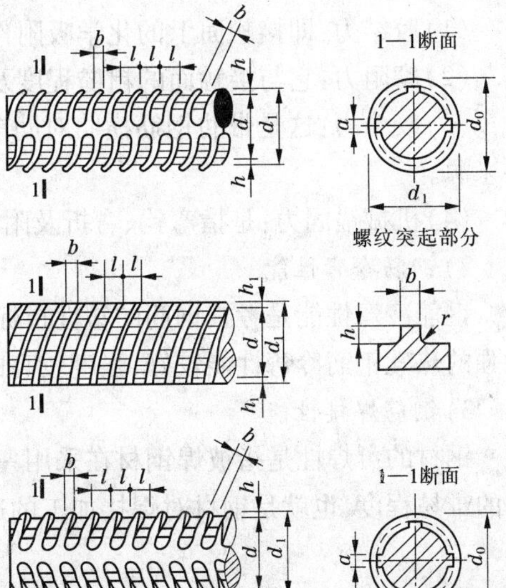

图 1-2　等高肋钢筋表面及截面形状

1.1.2.2　热轧钢筋力学性能

热轧钢筋力学性能见表1-1。

表1-1　热轧钢筋力学性能

外形	强度等级	直径 d(mm)	屈服点 σ_s(MPa)	抗拉强度 σ_b(MPa)	伸长率 δ_s(%)	冷弯		符号
			不小于			弯曲角度	弯心直径	
光圆	HPB235	6~28	235	370	25	180°	d	Φ
带肋	HRB335	6~32	335	490	16	180°	$3d$	
	HRB400	6~32	400	570	14	180°	$4d$	

注:(1)钢筋实测抗拉强度与实测屈服点之比不小于1.25。

(2)钢筋实测屈服点与表1-1定的最小屈服点之比不大于1.30。

1.1.2.3　热轧钢筋其他性能

1)钢筋锚固性能

钢筋混凝土结构中,两种性能不同的材料能够共同受力是由于它们之间存在着黏结锚固作用,这种作用使接触界面两边的钢筋与混凝土之间能够实现应力传递,从而在钢筋与混凝土中建立起结构承载所必需的工作应力。钢筋在混凝土中的黏结锚固作用主要有以下四种。

(1)胶结力:即接触面上的化学吸附作用。

(2)摩阻力:它与接触面的粗糙程度及侧压力有关,且随滑移发展其作用逐渐减小。

(3)咬合力:这是带肋钢筋横肋对肋前混凝土挤压而产生的,为带肋钢筋锚固力的主要来源。

(4)机械锚固力:是指弯钩、弯折及附加锚固等措施提供的锚固作用。

2)钢筋冷弯性能

钢筋冷弯性能是考核钢筋的塑性指标,钢筋弯折、做弯钩时应避免钢筋裂缝和折断。低强的热轧钢筋冷弯性能较好,强度较高的稍差,冷加工钢筋的冷弯性能最差。

3)钢筋焊接性能

钢材的可焊性是指被焊钢材在采用一定焊接材料、焊接工艺条件下,获得优质焊接接头的难易程度,也就是钢材对焊接加工的适应性。

1.2　水　泥

1.2.1　主要技术性能

1.2.1.1　真密度和堆积密度

普通水泥的真密度为3.0~3.15 g/cm^3,通常采用3.1 g/cm^3;普通水泥的堆积密度为1 000~1 600 kg/m^3,通常采用1 300 kg/m^3。

1.2.1.2　细度

细度是水泥颗粒的粗细程度。同样成分的水泥其细度越细，则凝结、硬化越快，早期强度也越高。水泥的细度用筛析法测定。以筛余物占总质量的百分数表示。标准筛有0.080 mm边长的方孔筛和4 900孔/cm^2筛两种。

1.2.1.3　标准稠度用水量

标准稠度用水量是指水泥净浆达到标准稠度时，所需的拌和水量，以占水泥质量的百分数表示。

1.2.1.4　凝结时间

凝结时间是指水泥加水拌和成净浆后、逐渐失去塑性的时间。自加水拌和至水泥净浆开始降低塑性的这段时间，称为初凝时间。从加水拌和至水泥净浆完全失去塑性的这段时间，称为终凝时间。按规定，水泥初凝不得早于45 min，终凝不得迟于12 h。国产水泥，初凝一般为1～3 h，终凝一般为5～8 h。

1.2.1.5　安定性

水泥在硬化过程中，体积要发生变化，体积变化的均匀性称为安定性。如果水泥中含有较多的游离石灰、游离氧化镁或石膏等，则水泥的安定性会较差，水泥试件在凝结硬化过程中就会出现龟裂、弯曲、松脆，以致崩溃等不安全现象。

1.2.1.6　强度

强度是指试块单位面积能承受的最大数值指标，也是选用水泥的重要依据。水泥硬化后抗压强度高，抗折强度低。抗折强度为抗压强度的1/11～1/19。水泥强度以3 d和7 d强度增长最快，28 d强度接近最大值，所以要测定3 d、7 d、28 d的强度值，并以28 d的强度划分水泥标号，强度的单位为MPa，标号后带“R”者为早强型水泥，在相同标号的水泥中，带“R”和不带“R”主要区别是3 d强度不同。常用水泥的标号和各龄期的强度要求如表1-2、表1-3所示。

表1-2　常用水泥标号和各龄期的抗压强度要求　　（单位：MPa）

水泥标号	硅酸盐水泥			普通硅酸盐水泥			矿渣硅酸盐水泥、火山灰质硅酸盐水泥、粉煤灰硅酸盐水泥		
	3 d	7 d	28 d	3 d	7 d	28 d	3 d	7 d	28 d
275							—	13.0	27.5
325				12.0	—	32.5	—	15.0	32.5
425				15.0	—	42.5	—	21.0	42.5
425R	22.0	—	42.5	21.0	—	42.5	19.0	—	42.5
525	23.0	—	52.5	22.0	—	52.5	21.0	—	52.5
525R	27.0	—	52.5	26.0	—	52.5	23.0	—	52.5
625	28.0	—	62.5	27.0	—	62.5		—	—
625R	32.0	—	62.5	31.0	—	62.5	28.0	—	62.5
725	37.0	—	72.5	—	—	—	—	—	—

表1-3 常用水泥标号和各龄期的抗折强度要求 （单位:MPa）

水泥标号	硅酸盐水泥			普通硅酸盐水泥			矿渣硅酸盐水泥、火山灰质硅酸盐水泥、粉煤灰硅酸盐水泥		
	3 d	7 d	28 d	3 d	7 d	28 d	3 d	7 d	28 d
275							—	2.5	5.0
325				2.5	—	5.5	—	3.0	5.0
425				3.5	—	6.5	—	4.0	6.5
425R	4.0	—	6.5	4.0	—	6.5	4.0	—	6.5
525	4.0	—	7.0	4.0	—	7.0	4.0	—	7.0
525R	5.0	—	7.0	5.0	—	7.0	4.5	—	7.0
625	5.0	—	8.0	5.0	—	8.0	—	—	—
625R	5.0	—	8.0	5.5	—	8.0	5.0	—	8.0
725	6.0	—	8.5	—	—	—	—	—	—

1.2.1.7 水化热

水泥在水化作用时放出的热量，称为水化热。在水泥的矿物组成中，铝酸三钙放热量最多，放得最快，硅酸三钙次之，硅酸二钙放热量最少最慢，高标号水泥放热量较大。水化热主要在硬化初期放出，以后逐渐减少。

1.2.2 常用水泥的种类

常用的水泥有：硅酸盐水泥、普通硅酸盐水泥、矿渣硅酸盐水泥、火山灰质硅酸盐水泥、粉煤灰硅酸盐水泥和复合硅酸盐水泥。

1.2.3 常用水泥的特性

常用水泥特性见表1-4。

表1-4 常用水泥特性

序号	水泥名称	特性	强度等级
1	硅酸盐水泥	早期强度及后期强度较高，在低温下强度增长比其他种类的水泥快，抗冻、耐磨性都好，但水化热较高，抗腐蚀性较差	42.5、42.5R 52.5、52.5R 62.5、62.5R
2	普通硅酸盐水泥	除早期强度比硅酸盐水泥稍低，其他性能接近硅酸盐水泥	32.5、32.5R 42.5、42.5R 52.5、52.5R
3	矿渣硅酸盐水泥	早期强度较低，在低温环境中强度增长较慢，但后期强度增长比较快，水化热较低，抗硅酸盐侵蚀性较好，耐热性较好，但干缩变形较大，析水性较大，耐磨性较差	32.5、32.5R 42.5、42.5R 52.5、52.5R

续表 1-4

序号	水泥名称	特性	强度等级
4	火山灰质硅酸盐水泥	早期强度较低,在低温环境中强度增长较慢,在高温潮湿环境中(如蒸汽养护)强度增长较快,水化热较低,抗硫酸盐侵蚀性较好,但干缩变形较大,析水性较大,耐磨性较差	32.5、32.5R 42.5、42.5R 52.5、52.5R
5	粉煤灰硅酸盐水泥	早期强度较低,水化热比火山灰水泥还低,和易性较好,抗腐蚀性好,干缩性也较小,但抗冻、耐磨性较差	32.5、32.5R 42.5、42.5R 52.5、52.5R
6	复合硅酸盐水泥	介于普通水泥与火山灰水泥、矿渣水泥以及粉煤灰水泥性能之间,当复掺混合材料较少(小于20%)时,它的性能与普通水泥相似,随着混合材料复掺量的增加,性能也趋向所掺混合材料的水泥	32.5、32.5R 42.5、42.5R 52.5、52.5R

注:R 系指早强型水泥。

1.2.4　常用水泥的选用及使用范围

常用水泥选用及使用范围见表 1-5。

表 1-5　常用水泥选用及使用范围

<table>
<tr><th>序号</th><th>水泥名称</th><th>水泥
标准编号</th><th>基本用途</th><th>可用范围</th><th>不适用范围</th><th>使用
注意事项</th></tr>
<tr><td>1</td><td>硅酸盐水泥</td><td>GB 175—1999</td><td rowspan="2">混凝土、钢筋混凝土和预应力混凝土的地上、地下和水中结构</td><td rowspan="2"></td><td rowspan="2">受侵蚀水(海水、矿物水、工业废水等)及压力水作用的结构</td><td rowspan="2">使用加气剂可提高抗冻能力</td></tr>
<tr><td>2</td><td>普通硅酸盐水泥</td><td>GB 175—1999</td></tr>
<tr><td>3</td><td>矿渣硅酸盐水泥</td><td>GB 1344—1999</td><td rowspan="2">混凝土和钢筋混凝土的地上、地下和水中结构以及抗硫酸盐侵蚀的结构</td><td></td><td>需早期发挥强度的结构</td><td>加强洒水养护,冬季施工注意保暖</td></tr>
<tr><td>4</td><td>火山灰质硅酸盐水泥</td><td>GB 1344—1999</td><td>高温条件下的地上一般建筑</td><td>(1)受反复冻融及干湿循环作用的结构
(2)干燥环境中的结构</td><td>加强洒水养护,冬季施工注意保暖</td></tr>
<tr><td>5</td><td>粉煤灰硅酸盐水泥</td><td>GB 1344—1999</td><td>混凝土和钢筋混凝土的地上、地下和水中结构;抗硫酸盐侵蚀的结构;大体积水工混凝土</td><td></td><td>需早期发挥强度的结构</td><td>加强洒水养护,冬季施工注意保暖</td></tr>
</table>

注:(1)蒸汽养护时用的水泥品种,宜根据具体条件通过实验确定。

(2)复合硅酸盐水泥选用应根据其混合材料的比例确定。

1.2.5　水泥的验收与保管

水泥进场时应对其品种、级别、包装或散装仓号、出厂日期等进行检查，并应对其强度、安定性及其他必要的性能指标进行复验，其质量必须符合现行国家标准《硅酸盐水泥、普通硅酸盐水泥》等的规定。

入库的水泥应按品种、强度等级、出厂日期分别堆放，并树立标志。做到先到先用，并防止混掺使用。为了防止水泥受潮，现场仓库应尽量密闭。包装水泥存放时，应垫起离地约 30 cm，离墙亦应在 30 cm 以上。堆放高度一般不要超过 10 包。临时露天暂存水泥也应用防雨篷布盖严，底板要垫高，并采取防潮措施。

水泥储存时间不宜过长，以免结块降低强度。常用水泥在正常环境中存放 3 个月，强度将降低 10% ~20%；存放 6 个月，强度将降低 15% ~30%。为此，水泥存放时间按出厂日期起算，超过 3 个月应视为过期水泥，使用时必须重新检验确定其强度等级。

当在使用中对水泥质量有怀疑或水泥出厂超过 3 个月（快硬硅酸盐水泥超过 1 个月）时，应进行复验，并按复验结果使用。

水泥不得和石灰石、石膏等粉状物料混放在一起。

1.3　砂　石

1.3.1　砂

砂按其产源可分天然砂、人工砂。由自然条件作用而形成的，粒径在 5 mm 以下的岩石颗粒，称为天然砂。天然砂可分为河砂、湖砂、海砂和山砂。人工砂为经除土处理的机制砂、混合砂的统称。机制砂是由机械破碎、筛分制成的，粒径小于 4.75 mm 的岩石颗粒，但不包括软质岩、风化岩石的颗粒。混合砂是由机制砂和天然砂混合制成的砂。按砂的粒径可分为粗砂、中砂和细砂，目前是以细度模数来划分粗砂、中砂和细砂，习惯上仍用平均粒径来区分（见表 1-6）。

表 1-6　砂的分类

粗细程度	细度模数	平均粒径（mm）
粗砂	3.7 ~ 3.1	0.5 以上
中砂	3.0 ~ 2.3	0.35 ~ 0.5
细砂	2.2 ~ 1.6	0.25 ~ 0.35

1.3.1.1　砂的技术要求

1）颗粒级配

混凝土用砂按 0.630 mm 筛孔的累计筛余量可分为三个级配区（见表 1-7）。砂的颗粒级配应处于表中的任何一个区域内。

2）砂的质量要求

砂的质量要求见表 1-8。

表1-7　砂颗粒级配区

<table>
<tr><th rowspan="3">筛孔尺寸(mm)</th><th colspan="3">级配区</th></tr>
<tr><th>Ⅰ区</th><th>Ⅱ区</th><th>Ⅲ区</th></tr>
<tr><th colspan="3">累计筛余(%)</th></tr>
<tr><td>10.00</td><td>0</td><td>0</td><td>0</td></tr>
<tr><td>5.00</td><td>10~0</td><td>10~0</td><td>10~0</td></tr>
<tr><td>2.50</td><td>35~5</td><td>25~0</td><td>15~0</td></tr>
<tr><td>1.25</td><td>65~35</td><td>50~10</td><td>25~0</td></tr>
<tr><td>0.63</td><td>85~71</td><td>70~41</td><td>40~16</td></tr>
<tr><td>0.315</td><td>95~80</td><td>92~70</td><td>85~55</td></tr>
<tr><td>0.16</td><td>100~90</td><td>100~90</td><td>100~90</td></tr>
</table>

表1-8　砂的质量要求

<table>
<tr><th>质量</th><th colspan="2">项目</th><th colspan="2">质量指标</th></tr>
<tr><td rowspan="2">含泥量
(按重量计,%)</td><td rowspan="4">混凝土
强度等级</td><td>≥C30</td><td colspan="2">≤3.0</td></tr>
<tr><td><C30</td><td colspan="2">≤5.0</td></tr>
<tr><td rowspan="2">泥块含量
(按重量计,%)</td><td>≥C30</td><td colspan="2">≤1.0</td></tr>
<tr><td><C30</td><td colspan="2">≤2.0</td></tr>
<tr><td rowspan="4">有害物质
限量</td><td colspan="2">云母含量(按重量计,%)</td><td colspan="2">≤2.0</td></tr>
<tr><td colspan="2">轻物质含量(按重量计,%)</td><td colspan="2">≤1.0</td></tr>
<tr><td colspan="2">硫化物及硫酸盐含量(折算成 SO_3 按重量计,%)</td><td colspan="2">≤1.0</td></tr>
<tr><td colspan="2">有机物含量(用比色法试验)</td><td colspan="2">颜色不应深于标准色,如深于标准色,则应按水泥胶砂强度试验方法,进行强度对比试验,抗压强度比不应低于0.95</td></tr>
<tr><td rowspan="2">坚固性</td><td rowspan="2">混凝土所处的
环境条件</td><td>寒冷地区室外使用并经常处于潮湿或干湿交替状态下的混凝土</td><td rowspan="2">循环后重量
损失(%)</td><td>≤8</td></tr>
<tr><td>其他条件下使用的混凝土</td><td>≤10</td></tr>
</table>

1.3.1.2　砂的验收、运输和堆放

1)验收

施工单位应按批对砂产品进行质量检验。

在正常情况下,机械化集中生产的天然砂,以400 m^3 或600 t为一检验批。人工分散生产的,以200 m^3 或300 t为一检验批。不足上述规定者也以一批检验。园林建筑工程规模较小,往往总用砂量达不到规定的检验批数量,可按一检验批对待,每批至少应进行颗粒级配和含泥量检验。在发现砂的质量有明显变化时,应按其变化情况,随时进行取样检验。

2)运输和堆放

砂在运输、装卸和堆放过程中,应防止离析和混入杂质,并应按产地、种类和规格分别堆放。

1.3.2 石子

普通混凝土所用的石子可分为碎石和卵石。由天然岩石和卵石经破碎、筛分而得的粒径大于5 mm的岩石颗粒称为碎石;由自然条件作用而形成的粒径大于5 mm的岩石颗粒,称为卵石。

1.3.2.1 石子的技术要求

1)颗粒级配

碎石和卵石的颗粒级配,应符合表1-9的要求。

单粒级宜用于组合成具有要求级配的连续级配,也可与连续级配混合使用,以改善其级配,或配成较大粒度的连续级配。不宜用单一的单粒级配制混凝土。如必须单独使用,则应作技术经济分析并通过试验证明不会发生离析或影响混凝土的质量。

表1-9 碎石和卵石的颗粒级配范围

级配情况	公称粒径(mm)	累计筛余(按重量计,%)											
		筛孔尺寸(圆孔筛)(mm)											
		2.50	5.00	10.0	16.0	20.0	25.0	31.5	40.0	50.0	63.0	80.0	100
连续粒级	5~10	95~100	80~100	0~15	0	—	—	—	—	—	—	—	—
	5~16	95~100	90~100	30~60	0~10	0	—	—	—	—	—	—	—
	5~20	95~100	90~100	40~70	—	0~10	0	—	—		—	—	—
	5~25	95~100	90~100	—	30~70	—	0~5	0	—		—	—	—
	5~31.5	—	90~100	70~90	—	15~45	—	0~5	0		—	—	—
	5~40		95~100	75~90	—	30~65	—	—	0~5	0	—	—	—
单粒级	10~20	—	95~100	85~100	—	0~15	0	—	—	—	—	—	—
	16~31.5	—	95~100	—	85~100	—	—	0~10	—	—	—	—	—
	20~40	—	—	95~100	—	80~100	—	—	0~10	0	—	—	—
	31.5~63	—	—	—	95~100	—	—	75~100	45~75	—	0~10	0	—
	40~80	—	—	—	—	95~100	—	—	70~100	—	30~60	0~10	0

2）石子质量要求

石子质量的要求见表 1-10。

表 1-10　石子质量的要求

质量项目				质量指标
针、片状颗粒含量（按重量计，%）	混凝土强度等级		≥C30	≤15
			<C30	≤25
含泥量（按重量计，%）			≥C30	≤1.0
			<C30	≤2.0
泥块含量（按重量计，%）			≥C30	≤0.5
			<C30	≤0.7
碎石压碎指标值（%）	混凝土强度等级	水成岩	C55～C40	≤10
			≤C35	≤16
		变质岩或深层的火成岩	C55～C40	≤12
			≤C35	≤20
		火成岩	C55～C40	≤13
			≤C35	≤30
卵石压碎指标值（%）	混凝土强度等级		C55～C40	≤12
			≤C35	≤16
坚固性	混凝土所处的环境条件	寒冷地区室外使用并经常处于潮湿或干湿交替状态下的混凝土	循环后重量损失（%）	≤8
		其他条件下使用的混凝土		≤12
有害物质限量	硫化物及硫酸盐含量（折算成 SO_3 按重量计，%）			≤1.0
	卵石中有机质含量（用比色法试验）			颜色不应深于标准色。如深于标准色，则应配制成混凝土进行强度对比试验，抗压强度比不应低于 0.95

1.3.2.2　石子的验收、运输和堆放

1）验收

生产厂家和供货单位应提供产品合格证及质量检验报告。

使用单位在收货时应按同产地同规格分批验收。用大型工具（如火车、货船或汽车）运输时，以 400 m^3 或 600 t 为一验收批，用小型工具（如马车、拖拉机等）运输的以 200 m^3 或 300 t 为一验收批。不足上述者以一验收批论处。

每验收批至少应进行颗粒级配、含泥量、泥块含量及针、片状颗粒含量检验。对重要工程或特殊工程应根据要求增加检测项目。对其他指标的合格性有怀疑时应予检验。当质量比较稳定、进料量比较大时，可定期检验。

2)运输和堆放

碎石或卵石在运输、装卸和堆放过程中,应防止颗粒离析和混入杂质,并应按产地、种类和规格分别堆放。堆料高度不宜超过 5 m,但对单粒级或最大粒径不超过 20 mm 的连续粒级,堆料高度可以增加到 10 m。

1.4 混凝土

混凝土是由胶凝材料将骨料(集料)胶结而成的固体复合材料。水泥混凝土是以水泥、水、细骨料、粗骨料、附加剂等,按照配合比,经过拌和、浇筑、捣实成型及养护硬化而成的人工石材。

1.4.1 混凝土的分类

(1)混凝土按胶凝材料的不同,分为水泥混凝土、石膏混凝土、水玻璃混凝土、树脂混凝土、沥青混凝土等。

(2)水泥混凝土按其体积密度的大小,分为重混凝土(体积密度大于 2 600 kg/m^3 的混凝土)、普通混凝土(体积密度为 2 000 ~ 2 500 kg/m^3)、轻混凝土(体积密度小于 1 900 kg/m^3 的混凝土)。

(3)混凝土按施工工艺,分为泵送混凝土、预应力混凝土、离心混凝土、喷射混凝土等。

(4)混凝土按使用功能,分为防水混凝土、抗渗混凝土、耐酸混凝土、耐火混凝土、抗冻混凝土等。

(5)混凝土按掺水量大小,分为干硬性混凝土、塑性混凝土和流动性混凝土。

(6)混凝土按配筋情况,分为素混凝土、钢筋混凝土、型钢混凝土等。

1.4.2 普通混凝土的组成及其作用

混凝土由水泥、砂、石和水组成。硬化前的混凝土称为混凝土拌和物。水和水泥组成水泥浆,水泥浆包裹在砂的表面,并填充于砂的空隙中成为砂浆;砂浆又包裹在石子的表面,并填充石子的空隙。水泥浆和砂浆在混凝土拌和物中分别起到润滑砂、石的作用,使混凝土具有施工要求的流动性,并使混凝土成型密实。硬化后,水泥将砂、石牢固地胶结为一个整体,使混凝土具有所需的强度和应具备的性能。通常所用砂、石的强度高于水泥硬化后的强度,因而在混凝土中有骨架的作用,故称为骨料。骨料主要起到限制混凝土的干缩、减少水泥用量和水化热、降低成本的作用,并可起到提高混凝土强度和耐久性的作用。

混凝土的组成中,骨料一般占混凝土总体积的 70% ~80%,水泥石占 20% ~30%(见图 1-3)。

1.4.3 混凝土拌和物的和易性

混凝土拌和物的和易性也称工作度,是指混凝土拌和物易于施工,并能获得密实结构的性质。为保证混凝土的质量,混凝土必须具有与施工条件相适应的和易性。混凝土拌和物的和易性包括流动性、黏聚性、保水性等三项含义。

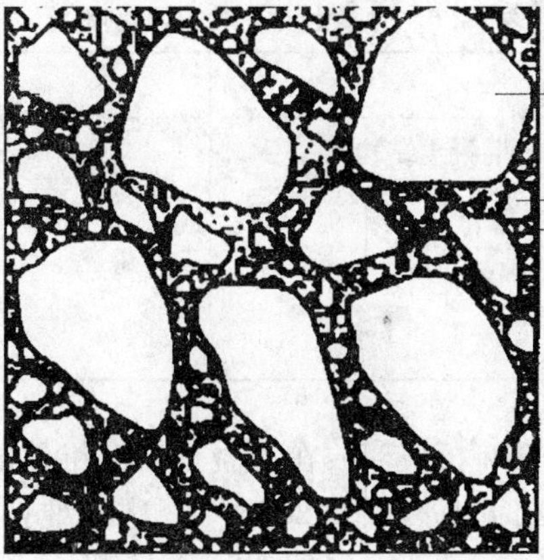

1—粗骨料;2—细骨料;3—水泥浆

图 1-3　普通混凝土结构示意图

1.4.3.1　流动性

流动性指混凝土拌和物在自重力或机械振动力作用下,易于产生流动、易于运输、易于充满混凝土模板的性质。一定的流动性可保证混凝土构件或结构的形状与尺寸以及混凝土结构的密实性。

1.4.3.2　黏聚性

黏聚性指混凝土拌和物各组成材料具有一定的黏聚力,在施工过程中保持整体均匀一致的能力。黏聚性差的混凝土拌和物在运输、浇筑、成型等过程中,石子容易与砂浆产生分离,造成混凝土内部结构不均匀。黏聚性对混凝土的强度及耐久性有较大的影响。

1.4.3.3　保水性

保水性指混凝土拌和物在施工过程中保持水分的能力。保水性好可保证混凝土拌和物在运输、浇筑、成型和凝结硬化过程中,不发生大的或严重的泌水。泌水会在混凝土内部产生大量的连通毛细孔隙,成为混凝土中的渗水通道。上浮的水会聚集在钢筋和石子的下部,增加了钢筋和石子下部水泥浆的水灰比,形成薄弱层,严重时会造成孔隙和裂纹;上浮到混凝土表面的水,会增加表层混凝土的水灰比,造成混凝土表面疏松。所以,保水性对混凝土的强度及耐久性有较大的影响。

1.4.3.4　混凝土和易性的检验

混凝土拌和物和易性检验一般只着重测定流动性,对黏聚性和保水性凭经验目测即可。

1)坍落度法

坍落度法是测定混凝土拌和物在自重力作用下流动性的现场检验方法。测定时,将新拌混凝土按规定的方法装入坍落度筒内,插捣成型后提起坍落度筒,此时混凝土截圆锥体会因自重力作用而产生坍落,坍落的高度称为坍落度。坍落度越大,说明混凝土拌和物的流动性越大。这种检验方法是施工中最常用的(见表 1-11)。

2)维勃稠度法

维勃稠度法是测定混凝土拌和物在机械振动力作用下的流动性的室内检验方法。适用于流动性较小的混凝土拌和物。测定时,将新拌混凝土按规定的方法装入坍落度筒内,

表 1-11　混凝土浇筑时的坍落度

结构种类	坍落度(mm)
无筋混凝土或配筋较稀的混凝土结构	10～30
板、梁或大中型截面的柱子	30～50
密配筋结构(薄壁、筒仓、细柱等)	50～70
特密配筋结构	70～90

提起坍落度筒后,将规定的透明有机玻璃放在混凝土截圆锥体的顶面上,开启振动台,当透明圆盘的底面被水泥浆布满时,所经历的时间(s),称为维勃稠度。维勃稠度越大,说明混凝土拌和物的流动性越小。

1.4.3.5　混凝土拌和物流动性的选择

混凝土拌和物的流动性大,易于施工,但容易产生离析、分层、跑浆等。为保证混凝土的设计强度指标,流动性大的混凝土拌和物相对水泥用量得加大。所以,选择流动性的原则是在满足施工条件和保证密实成型的前提下,尽量选择较小的流动性。

1.4.4　混凝土强度

混凝土在 28 d 时的强度或规定龄期的强度应符合设计要求和规范规定。

1.4.4.1　混凝土的抗压强度与强度等级

1)混凝土的立方体抗压强度

《普通混凝土力学性能试验方法标准》(GBT 50081—2002)规定,将混凝土制作成边长为 150 mm 的立方体试件,在标准养护条件下(温度为(20 ± 3)℃,相对湿度为 95% 以上),养护到 28 d 龄期,测得的抗压强度值称为立方体抗压强度,简称抗压强度。测定混凝土的抗压强度时,也可采用非标准尺寸的试件,但应乘以换算系数,换算成标准尺寸试件的强度值。

2)混凝土强度等级

《混凝土强度检验评定标准》(GB 50107—2010)规定,混凝土的强度等级按立方体抗压强度标准值划分。混凝土的立方体抗压强度标准值(简称抗压强度标准值)是测得的抗压强度总体分布中的一个值,强度低于该值的百分率不超过 5%,或具有 95% 强度保证率的抗压强度值。混凝土的强度等级用符号 C 和立方体抗压强度标准值来表示。

1.4.4.2　混凝土的抗拉强度

混凝土属于脆性材料,抗拉强度只有抗压强度的 1/10～1/20,且比值随混凝土抗压强度的提高而减少。在混凝土结构设计中,通常不考虑混凝土承受拉力,但混凝土的抗拉强度与混凝土构件的裂缝有着密切的关系,是混凝土结构设计中确定混凝土抗裂性的重要依据。

混凝土强度与水泥强度等级和水灰比、骨料的品种、规格与质量、养护温度、湿度、龄期、施工方法、施工质量及其控制等密切相关。

1.4.5　混凝土耐久性

混凝土应具有与环境相适应的耐久性，以保证混凝土结构的使用寿命。耐久性是指混凝土在实际使用条件下，抵抗各种破坏因素作用，长期保持强度和外观完整性的能力，主要包括抗冻性、抗渗性、抗腐蚀性及抗风化性能等。

1.5　砂　浆

砂浆在各类建筑工程中是一种用量多、用途广的建筑材料，园林建筑工程也不例外。它由无机胶凝材料、细骨料、掺和料和水组成。一般包括砌筑砂浆、抹面砂浆和特种砂浆三大类。

1.5.1　砌筑砂浆

用于砌筑砖石砌体的砂浆称为砌筑砂浆，是砖石砌体的重要组成部分。

1.5.1.1　砌筑砂浆的组成材料

1)水泥

水泥是砂浆的主要胶凝材料，可根据砌筑部位、所处的环境条件选择合适的水泥品种。一般水泥标号应为砂浆强度等级的4～5倍。采用强度等级为32.5、42.5的水泥配制砂浆较好。

2)外掺料及外加剂

为了改善砂浆和易性，节约水泥和砂浆用量，可在砂浆中掺入部分外掺料或外加剂。可在纯水泥砂浆中掺入石灰膏、黏土膏、磨细生石灰粉、粉煤灰等无机塑化剂或皂化松香、微沫剂、纸浆废液等有机塑化剂。

3)砂

配制砌筑砂浆宜采用中砂，并应过筛，不得含有杂质。在砂浆中砂的最大粒径因受灰缝厚度的限制，一般不超过灰缝厚度的1/4～1/5。水泥砂浆、混合砂浆的强度等级大于或等于M5时，含泥量小于或等于5%；强度等级小于M5时，其含泥量应小于或等于10%。

4)水

凡是可饮用的水，均可拌制砂浆，未经试验鉴定的污水不得使用。

1.5.1.2　砌筑砂浆的性质

1)和易性

新拌砂浆应具有良好的和易性。和易性良好的砂浆不易产生分层、析水现象，能在粗糙的砌筑面上铺成均匀的薄层，能很好地与底层黏结，便于施工操作和保证工程质量。

砂浆的和易性包括流动性和保水性两个方面。

砂浆流动性，又叫砂浆稠度，表示砂浆在自重或外力作用下流动的性能，用“沉入度”

表示。沉入度是用砂浆稠度仪测定的。沉入度值越大,则砂浆流动性越大。

砂浆稠度的选用,应考虑砌体材料的种类、施工条件及气候条件等因素(见表1-12)。

表1-12 砌筑砂浆适宜稠度

序号	砌石砌体种类	砂浆稠度(cm)
1	实心砖墙、柱	7~10
2	实心砖平拱式过梁	5~7
3	实心砖墙、柱	6~8
4	空斗墙、筒拱	5~7
5	石砌体	3~5

砂浆保水性是指砂浆能够保持水分的能力,用"分层度"表示,用砂浆分层度测定仪测定。砂浆分层度在1~2 cm时保水性好;分层度大于2 cm时,砂浆容易离析,不便于施工;分层度接近于零的砂浆,易产生裂缝,不宜作为抹面砂浆。

2)强度

砂浆硬化后应具有足够的强度。砂浆在砌体中主要的作用是传递压力,所以应具有一定的抗压强度。其抗压强度是确定强度等级的主要依据。砌筑砂浆强度等级,用尺寸为7.07 cm×7.07 cm×7.07 cm立方体试件,在标准温度(20±3)℃及一定湿度条件下,养护28 d的平均抗压极限强度确定。砂浆强度等级有M15、M10、M7.5、M5、M2.5。

砂浆强度增长,与施工温度有关,在不同施工温度下,砂浆强度增长的速度不同。

3)黏结力

砌筑砂浆必须具有足够的黏结力,才能将砌体材料黏结成一个整体,黏结力的大小会影响砌体的强度、耐久性、稳定性和抗震性能。砌筑砂浆黏结力与砂浆本身强度有关,通常砂浆强度越高,其黏结力越大。掺和料过多的低强度砂浆与基层材料的黏结力差。

砌筑砂浆的黏结力还与砂浆本身的拉伸强度、砌筑底面的潮湿程度、砖石表面的清洁程度及施工养护条件等因素有关,所以施工中注意在砌砖前浇水润湿,保持砖表面的干净,可以提高砂浆与砌筑材料之间的黏结力,确保砌体的质量。

1.5.2 抹面砂浆

抹面砂浆也称抹灰砂浆,以薄层抹在建筑物表面,既可保护建筑物、增加建筑物的耐久性,又使其表面平整、光洁美观。

为了便于施工,保证抹灰的质量,要求抹灰砂浆比砌筑砂浆有更好的和易性,同时还要求抹灰砂浆能与底面很好地黏结。为了提高黏结力(包括掺和料)一般要比砌筑砂浆多。为了保证抹灰表面的平整,避免裂缝和脱落,施工应分两层或三层进行,各层抹灰要求不同,所用的砂浆也不同。

底层砂浆主要起与基层黏结作用。用于砖墙抹灰,多用石灰砂浆;有防水、防潮要求时用水泥砂浆;用于板条或板条顶棚的底层抹灰,多用混合砂浆或石灰砂浆;混凝土墙、梁、柱顶板等底层抹灰多用混合砂浆。

1.5.3　特种砂浆

特种砂浆是为适应某种特殊功能要求配制的砂浆，特种砂浆有很多品种，如防水砂浆、耐酸砂浆、保温砂浆、装饰砂浆等。防水砂浆和装饰砂浆较为常用。

1.5.3.1　防水砂浆

防水砂浆是指专门用做防水层的特种砂浆，它是在普通水泥砂浆中掺入防水剂配制而成的。其主要用于刚性防水层。这种刚性防水层仅用于不受震动和只有一定刚度的混凝土和砖石砌体工程，对于变形较大或可能发生不均匀沉陷的建筑物，都不宜采用刚性防水层。防水砂浆应采用配级良好的砂配制。

1.5.3.2　装饰砂浆

装饰砂浆是用于室内外装饰，以增加建筑物美感为主要目的的砂浆，应具有特殊的表面形式及不同的色彩和质感。装饰砂浆常以白水泥、彩色水泥、石膏、普通水泥、石灰等为胶凝材料，以白色、浅色或彩色的天然砂、大理石或花岗岩的石屑或特制的塑料色粒为骨料，还可利用矿物颜料调制多种彩色，通过色彩和表面进行喷涂、滚涂、弹涂等工艺，以达到不同要求的建筑艺术效果。

1.6　墙体材料

墙体材料是建筑主要围护和结构材料，包括各种普通烧结砖和非烧结砖、各种砌块及墙板三大类。生产墙体材料的主要原料有天然黏土、地方性工业产品和工业废渣等。

目前在许多园林工程建设中，烧结黏土砖仍是墙体的主要材料。

1.6.1　烧结黏土砖

烧结黏土砖是指以黏土为主要原料，尺寸为 240 mm × 115 mm × 53 mm，无孔洞或孔隙率小于 15%，经焙烧而成的实心砖。烧结黏土砖由于砖坯在窑中焙烧时在氧化或还原气氛中进行，分别得到的是红砖和青砖。一般讲，青砖的耐碱性和耐久性比较好。

1.6.2　烧结多孔砖

烧结多孔砖是以黏土、页岩、煤矸石为主要原料，经焙烧制成的孔洞率大于或等于15%，孔尺寸小而数量多，用于砌筑墙体的承重用砖。主要以竖孔方向使用，砌成承重墙体。烧结多孔砖为直角六面体，定型尺寸有两种：190 mm × 190 mm × 90 mm 和 240 mm × 115 mm × 90 mm（见图 1-4）。

1.6.3　烧结空心砖

烧结空心砖是以黏土、页岩、煤矸石为主要原料，经焙烧而成的孔洞率大于或等于35%，孔尺寸大而数量少，用做填充非承重砖。空心砖孔洞采用矩形条孔或其他孔形，且平行于大面和条面（见图 1-5）。

烧结空心砖按模数协调，高可选用 90 mm、140 mm、190 mm，长可选用 190 mm、290 mm。非模数尺寸高为 115 mm、178 mm、240 mm；长为 240 mm、365 mm。砖宽分别依各自

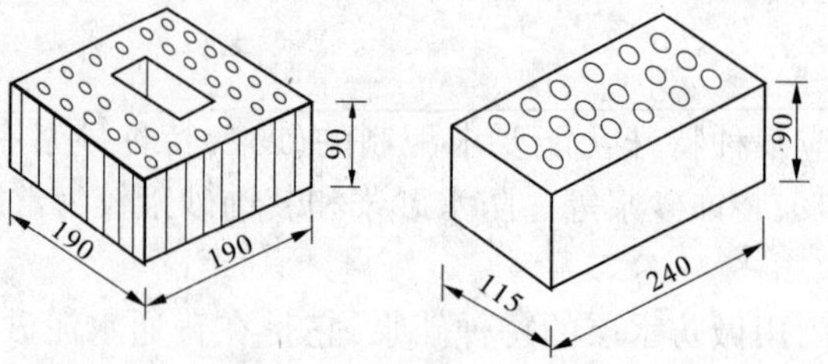

图 1-4 烧结多孔砖

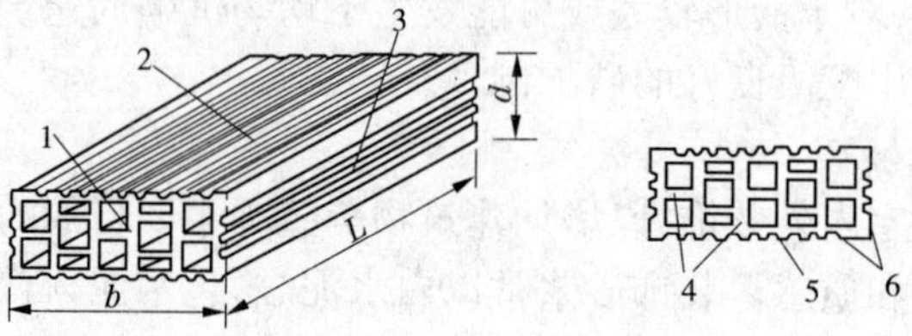

1—顶面;2—大面;3—条面;4—肋;5—凹线槽;6—外壁

图 1-5 烧结多孔砖

系列墙厚数值选用。配砖尺寸应与主砖尺寸配合选用。

1.6.4 硅酸盐砖(非烧结砖)

硅酸盐砖是以硅质材料和石灰为主要原材料,必要时加入骨料和适量石膏,压制成型后经蒸压蒸养制成的建筑用砖,亦称蒸压蒸养砖。根据所用硅质材料的不同有灰砂砖、粉煤灰砖、煤渣砖、矿渣砖和尾矿砖等。

1.6.5 空心砌块

砌块是一种新型墙体材料,是普通烧结黏土砖的替代品。与普通烧结黏土砖相比,生产工艺简单,可以充分利用地方材料和工业废料,尺寸较黏土砖大,砌筑速度快、方便,是一种符合高效、节能要求的新型墙体材料(见图 1-6)。

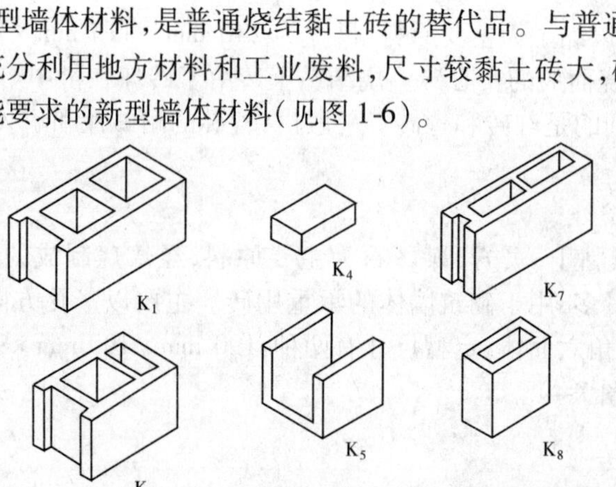

图 1-6 几种混凝土空心砌块外形示意

空心砌块是指空心率大于或等于25%的砌块。按规格尺寸划分,主规格的高度大于115 mm而又小于小型空心砌块,建筑体系比较灵活,砌筑方便,已在园林墙体砌筑中得到部分应用。小型空心砌块的主规格尺寸为390 mm×190 mm×190 mm,按抗压强度分为MU3.5、MU5.0、MU7.5、MU10、MU15五个级别。

大于980 mm者为大型砌块。按所用材料不同可分为水泥混凝土空心砌块、轻骨料混凝土空心砌块、硅酸盐混凝土空心砌块等。

1.7　石　材

1.7.1　石材在园林建设中的应用

石材广泛应用于园林建筑的室内、室外,以及园林工程的地面、道路、桥面、广场、假山、水景等环境。具体讲,可按园林建筑物室内、室外、园林景点等划分。

室内石材装饰工程项目和部位主要有:园林建筑物室内的地面、墙面、柱面、踢脚、墙裙、勒脚、隔断窗台、服务台、柜台、花饰格带、楼梯踏步、卫生间、水池、游泳池、花坛、假山、影壁、壁画等。

室外石材装饰工程项目和部位主要有:各种建筑的外墙面、柱基、柱头、柱面、广场、台阶、踏步、围墙、围栏、外廊、门楣、桥梁、园路路面、假山、水池、水体的驳岸和护坡、牌匾、石雕花格、勒脚、石雕、壁画等。

园林景点的石材装饰工程项目主要有:入口、门帽、桥栏、石桌、石凳、石灯、石砌小道、石像、石刻、石雕等。

1.7.2　园林装饰工程常用的石材

石材在园林建筑工程中应用极为广泛,常用的园林装饰工程石料,主要是花岗岩、大理石和其他石材。

1.7.2.1　**天然花岗岩**

天然花岗岩既是优良的砌筑石材,也是理想的装饰石材。由于天然花岗岩资源十分有限,目前多是将其加工成板材或块材应用于装饰工程中。花岗岩是典型的火成岩,是全品质岩石,其主要成分是石英、长石与少量的暗色矿物和云母。按照花岗岩结晶颗粒的大小,分为细粒、中粒和斑状结晶结构。由于花岗岩中含有不同的带色成分,可使其呈灰色、黄色、蔷薇色、红色等。优质的花岗岩中石英含量较多(可达20%～40%),云母含量较少,晶粒细而匀,结构紧密,不含其他杂质。因此,抛光后光泽明亮,不易风化,色调鲜明,花色丰富,庄重大方。与其他石材相比,天然花岗岩的表观密度较大,抗压强度高,孔隙率很小,吸水率很低,材质硬度大。因此,它具有极优良的耐磨、耐腐蚀、抗冻性等,耐水性及耐酸性也好,是建造永久性建筑物的高耐久性材料,通常耐用年限可达75～200年。它经磨平或抛光后,在工程中常应用于各种地面、墙面、踏步、墩柱、勒脚及护坡等环境恶劣的部位。但花岗岩脆性明显,抗冲击和抗火性差。有些花岗岩具有放射性,当放射性超标时不得应用于人常接触的建筑物。

1.7.2.2 天然大理石

天然大理石是由方解石或白云石在高温、高压等地质条件下，重新结晶变质而成的变质岩，其主要成分为碳酸钙及碳酸镁。“大理石”是由于我国的此类石材，最初大量产于云南大理而得此名。通常质地纯正的大理石为白色，俗名为汉白玉，是大理石中的优良品种。当在变质过程中混有色杂质时，就会出现各种色彩或斑纹，从而产生了众多的大理石品种，如艾叶青、雪花、碧玉、黄花玉、彩云、海涛、残雪、虎纹、桃红、秋枫、红花玉、墨壁等。

天然大理石结构致密，表观密度较大（2 600 ~ 2 700 kg/m^3），抗压强度较高（100 ~ 150 MPa），但硬度并不太大，具有较好的耐磨性，又易于抛光或雕琢加工，取得光洁细腻的表面效果。大理石的吸水率也很小，具有较好的抗冻性和耐久性，其使用年限可达40 ~ 100年。对于抛光或磨光的装饰薄板材来说，即使其吸水率不大，在有些情况下也会带来影响。工程中通常由于板材的吸水率较大或含有较多的可溶物质，会产生“潮花”现象，特别是当基层渗水或渗潮时容易出现这种情况。

大理石板材的规格尺寸与质量要求根据所加工板材的基本形状而定，大理石板材可分为直角四边形的普通型板材（N 形）、S 形或弧形等异型板材，普通大理石板材的规格尺寸及允许偏差、正面外观缺陷要求见表 1-13、表 1-14。

表 1-13　普通大理石板材的规格尺寸及允许偏差　（单位：mm）

规格			允许偏差		
			优等品	一等品	合格品
规格尺寸允许偏差	长、宽		0 ~ 1.0	0 ~ 1.0	0 ~ 1.5
	厚度	<15	±0.5	±0.8	±1.0
		>15	+0.5 ~ 0.5	±1.0 ~ 2.0	±2.0
平面允许极限公差	≤400		0.20	0.30	0.50
	400 ~ 800		0.50	0.60	0.80
	800 ~ 1 000		0.70	0.80	1.00
	≥1 000		0.80	1.00	1.20
角度允许极限公差	≤400		0.30	0.40	0.60
	>400		0.50	0.60	0.80

大理石的抗风化能力较差。由于大理石的主要组成成分 $CaCO_3$ 为碱性物质，容易被酸性物质所腐蚀，特别是大理石中有色物质很容易在大气中溶出或风化，失去表面的原有装饰效果，因此，多数大理石不宜用于室外装饰。

1.7.2.3 天然装饰石材的选材与应用

天然石材具有良好的装饰性能和技术性能，特别是耐久性方面是其他装饰材料难以比拟的，在永久性建筑物及高档建筑物装修中经常采用天然石材装饰。天然装饰石材也具有成本高、自重大、部分使用性能较差等方面的缺陷，在选择装饰石材时应综合考虑多个方面。

表 1-14　大理石板材正面外观缺陷要求

<table>
<tr><th>缺陷名称</th><th>优等品</th><th>一等品</th><th>合格品</th></tr>
<tr><td>翘曲</td><td rowspan="8">不允许</td><td rowspan="8">不明显</td><td rowspan="6">有,但不影响使用</td></tr>
<tr><td>裂纹</td></tr>
<tr><td>砂眼</td></tr>
<tr><td>凹陷</td></tr>
<tr><td>色斑</td></tr>
<tr><td>污点</td></tr>
<tr><td>正面棱缺陷　长≤8,宽≤3</td><td>有 1 处</td></tr>
<tr><td>正面角缺陷　长≤3,宽≤3</td><td>有 1 处</td></tr>
</table>

(1)综合成本。考虑一次性投资与长期维护费用、当地材料价格、施工成本等方面对装饰工程的影响。

(2)石材物理力学性能与耐久性。石材的强度(特别是抗冲击性能)、热物理性能、耐磨性能与耐风化性能等耐久性指标,是否满足使用要求,是否与建筑物的设计要求及环境相适应。

(3)装饰性。与其他材料相比,选择石材的装饰效果是否最佳,这种装饰效果是否与环境条件相协调,所选石材的品种、色彩、表面质感或光泽是否能达到理想的效果。

由于大理石板材良好的装饰性能,它常应用于高级公用建筑、纪念性建筑的内部装修,如内立面、柱面、台阶与地面的表面铺贴。此外,大理石还是良好的雕塑材料,除了个别品种(汉白玉、艾叶青等)外,多数大理石因含有易风化成分而不适于室外装饰。

因为花岗岩具有优良的耐久性,所以可应用于许多恶劣的环境中。通常剁斧板材应用于各种建筑物的室外地面、台阶、基座装饰;机刨板材多应用于室内外地面、台阶、基座、踏步、馆口、护坡等处的表面装饰;粗磨板材多应用于室内外的墙面、柱面、台阶、纪念碑与铭牌;磨光板材主要应用于要求色彩与光泽的室内外墙面、地面、柱面以及各种标志的装饰。

1.7.2.4　其他天然砌筑、装饰石料

1)*毛石*

毛石亦称块石或片石,为直接采伐石块。毛石分为乱毛石和平毛石两类。

(1)乱毛石:形状不规则,稍加修整,可有一个较为平整的面,厚度不小于 150 mm。常用于砌筑毛石基础、勒脚、墙身、水体驳岸、挡土墙等。

(2)平毛石:略经挑选或由乱毛石略经加工而成。形状比毛石整齐,一般有两个平行面。常用于砌筑基础、勒脚、墙身、园桥桥墩、涵洞等。

2)*料石*

料石主要有细料石、半细料石、粗料石和毛料石之分,在园林中主要用于花坛、墙身、踏步、台阶、山路、蹬道、地坪、砌拱、纪念碑等工程部位。

1.8　气硬性无机胶凝材料——石灰

胶凝材料分为无机胶凝材料和有机胶凝材料两大类,如水泥浆砂石料黏结成混凝土整体,沥青将砂石黏结成沥青混合料整体。常用的有机胶凝材料主要是指石油沥青、煤沥青和各种天然或人造树脂。常用无机胶凝材料有建筑石膏、石灰、水玻璃和各种水泥,在这些无机胶凝材料中,建筑石膏、石灰、水玻璃等称为气硬性胶凝材料,而各种水泥均为水硬性胶凝材料。

石灰是在园林工程建设中使用较早也较广泛的矿物胶凝材料之一。石灰的原料石灰石分布很广,生产工艺简单,成本低廉,它可以加工成生石灰粉、熟石灰和石灰膏等,也可以与其他掺和料配成混合物,所以在园林建设工程中应用很广。

主要成分是碳酸钙的石灰石经1 000 ~1 200 ℃煅烧后,就得到以氧化钙为主要成分、氧化镁为次要成分的块状生石灰。生石灰呈白色或灰色块状,烧透的新块灰密度为800 ~1 000 kg/m^3。

石灰按其成分不同分为钙质石灰和镁质石灰两种,氧化镁含量小于或等于5%的称为钙质石灰;氧化镁含量大于5%的称为镁质石灰,镁质石灰熟化较慢,但硬化后强度稍高。

1.8.1　石灰的熟化

工地上使用石灰时,通常将生石灰加水,使之消解为熟石灰——氢氧化钙,这个过程称为石灰的“熟化”。石灰的熟化为放热反应,熟化时体积增大1 ~2.5倍。煅烧良好、氧化钙含量高的石灰熟化较快,故热量和体积增大也较多。

用于调制抹灰砂浆时,需将生石灰熟化成石灰浆。即将生石灰在化灰池中加水熟化,通过网孔流入储灰池内。石灰浆在储灰池中沉淀并除去上层水分后称为石灰膏,石灰膏密度为1 300 ~1 400 kg/m^3。1 kg生石灰可化成1.5 ~3 L石灰膏。

生石灰中的欠火石灰会降低石灰的利用率,而过火石灰的颜色较深,密度较大,表面被黏土杂质融化所形成的玻璃釉状物包覆,熟化很慢。石灰硬化后,其中的过火颗粒才开始熟化,体积膨胀,引起爆灰和开裂。在抹灰工程中,使用了未经充分熟化的过火石灰,就要发生上述爆灰和开裂,俗称“出天花”、“生石灰泡”。为了消除过火石灰的危害,石灰浆应在储灰池中、常温下沉伏不少于两周(如果用于抹罩面灰时,不应少于30 d)。在沉伏期间,石灰浆表面应保留一层水,以便与空气隔绝,避免碳化。

1.8.2　石灰的硬化

石灰浆与砂、水泥等拌和成为抹灰用砂浆,在空气中能逐渐硬化,主要是由结晶作用和碳化作用共同完成的。结晶作用是指游离水分蒸发,氢氧化钙逐渐从饱和溶液中结晶的过程。碳化作用是指氢氧化钙与空气中的二氧化碳化合生成碳酸钙结晶,释出水分并被蒸发的过程。

碳化作用实际是二氧化碳与水形成碳酸,然后与氢氧化钙反应生成碳酸钙的过程。

由于空气中二氧化碳的含量非常稀薄,故上述反应进行极慢。同时,在碳化过程中,碳酸钙首先在表面形成坚硬的外壳,又阻碍了二氧化碳的进一步透入,使砂浆内部水分不易析出,硬化过程就很慢。所以,石灰砂浆在较长时间内,经常处于湿润状态,不能达到一定的强度和硬度。为了弥补这个缺陷,可适当加入水硬性胶凝材料,如加入水泥即可大大加快砂浆的硬化过程。

1.8.3　石灰的技术性能及在园林建设抹灰工程中的应用

在园林建设中我们要了解建筑生石灰的主要技术指标(见表 1-15)、消石灰的主要技术指标(见表 1-16)、石灰外观质量鉴别标准体系(见表 1-17),才能更好地利用石灰。

表 1-15　建筑生石灰主要技术指标

项目		钙质生石灰			镁质生石灰		
		优等品	一等品	合格品	优等品	一等品	合格品
CaO + MgO 含量(%)	≥	90	85	80	85	80	75
CO_2(%)	≥	5	7	9	6	8	10
未消化残渣含量(5 mm 圆孔筛的筛余)(%)	≤	5	10	15	5	10	15
产浆量(L/kg)	≥	2.8	2.3	2.0	2.8	2.3	2.0

表 1-16　消石灰的主要技术指标

项目		钙质生石灰			镁质生石灰			白云石消石灰分		
		优等品	一等品	合格品	优等品	一等品	合格品	优等品	一等品	合格品
CaO + MgO 含量(%)		65	60	55	60	55	50			
游离水(%)		4	4	4	4	4	4			
细度	0.9 mm 方孔筛的筛余量(%)　≤	0	0	0.5	6	0	0.5	0	0	0.5
	0.125 mm 方孔筛的筛余(%)　≤	3	10	15	3	10	15	3	10	15
体积安定性		合格	合格	—	合格	合格	—	合格	合格	—

表 1-17　石灰外观质量鉴别标准体系

特征	新鲜灰	过火灰	欠火灰
颜色	白色或灰黄色	色暗带灰黑色	中部颜色比边部深
质量	轻	重	重
硬度	疏松	质硬	外部疏松,中部硬
断面	均一	玻璃状	中部与边缘不同

用石灰膏拌制的砂浆一般都具有较好的和易性。其原因是呈浆状的氢氧化钙分子颗粒很细,且表面有一层较厚的水膜包裹。因此,用于园林建筑、构筑物的抹灰工程中,可配制成石灰浆、混合砂浆、麻刀石灰和纸筋石灰等。

从石灰浆体硬化过程中看出,石灰的硬化只能在空气中进行,硬化后的强度也不高,受潮后强度更低,在水中还会溶解溃散,所以石灰不宜在潮湿的环境中使用。

1.8.4 石灰的保管

生石灰极易吸收空气中的水分而自行水化,并与空气中二氧化碳作用,还原为白色粉末状的碳酸钙而失去黏结能力。因此,生石灰运到工地后,必须堆在地势较高、防潮、防水较好的仓库内。生石灰有强烈的腐蚀性,因此不得堆放在木地板上。生石灰遇水发生消化反应,能够释放出大量的热,因此不得和易燃、易爆及液体物品混存混运。生石灰不宜长期存放,保管期不宜超过1个月。

在沉淀池中的石灰膏应加以保护,防止其表面干燥、冻结和污染。

1.8.5 石灰的应用

石灰在园林工程建设中应用很广,常有以下三种用途。

一是配制砂浆。石灰具有良好的可塑性和黏结性,常用来配制石灰砂浆、水泥石灰混合砂浆等,用于砌筑和抹灰工程。

二是灰土,由石灰、黏土,按一定比例,可配制成灰土。

三是三合土,石灰、黏土、砂、石渣,按一定比例,可配制成三合土。

灰土和三合土应用历史悠久,造价低廉,操作简单,可就地取材,其耐水性和强度较好,被广泛用于园林建筑物的地基基础、园路基础和各种垫层等。

1.8.6 碳酸盐建筑制品

碳酸盐建筑制品,是指以石灰为主要原料生产的灰砂砖、蒸养粉煤灰砖、粉煤灰砌块或板材等建筑制品。

1.8.7 碳化石灰板

碳化石灰板是在磨细生石灰中掺加玻璃纤维、植物纤维或轻质骨料(矿渣等)并加水,强制搅拌成型后,用二氧化碳进行人工碳化(12 ~24 h)而成的一种轻质板材。为了减轻重量和提高碳化效果,多制成空心板或多孔板。

1.9 沥青及防水材料

1.9.1 石油沥青

石油沥青是石油原油经蒸馏等提炼出各种轻质油(如汽油、柴油等)及润滑油以后的残留物,再经过加工而得的产品。石油沥青的牌号及质量指标见表1-18。

表 1-18 石油沥青的牌号及质量指标

项目	道路石油沥青							建筑石油沥青	
	200 号	180 号	140 号	100 号甲	100 号乙	60 号甲	60 号乙	10 号	30 号
针入度(25 ℃,100 g/10 - 1 mm)	201 ~ 300	161 ~ 200	121 ~ 160	91 ~ 120	81 ~ 120	51 ~ 80	41 ~ 80	10 ~ 25	25 ~ 40
延伸度(25 ℃)(不小于)(cm)		100	100	90	60	70	40	1.5	3
软化点(环球法)(不低于)(cm)	31	35	35	42 ~ 50	42	45 ~ 50	45	95	70
溶解度(不小于)(%)(三氯乙烯、三氯甲烷或苯)	91	99	99	99	99	99	99		
溶解度(不小于)(%)(三氯甲烷、三氯乙烯、四氯化碳或苯)								99.5	99.5
蒸发后针入度比(不小于)(%)	50	60	60	65	65	70	70	65	65
闪点(开口)(不低于)(%)	181	200	230	230	230	230	230	230	230
蒸发损失(160 ℃,5 h)(不大于)(%)	1	1	1	1	1	1	1	1	1

通常石油沥青又分成建筑石油沥青、道路石油沥青和普通石油沥青三种。普通石油沥青一般不能直接使用,要掺配或调和后才能使用。在园林工程中仅用到建筑石油沥青与道路石油沥青。因此,本小节仅对此二种石油沥青进行论述。

道路石油沥青有 7 个牌号,牌号越高,针入度越大,黏性越小,塑性越好,温度稳定性越差。道路石油沥青主要用于道路路面等工程,一般拌制成沥青混凝土、沥青混合料或沥青浆使用。道路石油沥青的牌号较多,选用时应注意不同的工程要求、施工方法和环境温度差别。道路石油沥青还可作密封材料、黏结剂和沥青涂料。

建筑石油沥青主要用于屋面及地下防水、沟槽防水防腐及管道的防腐工程。选择建筑石油沥青的牌号要根据不同地区、不同工程环境的要求而定。当用建筑石油沥青在技术性能上不能满足要求时,可以考虑将建筑石油沥青与道路石油沥青中的牌号混合掺配使用。

1.9.2 煤沥青

煤沥青是将煤焦油再进行蒸馏,蒸去水分和所有的轻油及部分中油、重油和原油后得到的残渣。根据蒸馏程度不同分为低温沥青、中温沥青和高温沥青。建筑上采用的煤沥青多为黏稠或半固体的低温沥青。与石油沥青相比,煤沥青有如下特点:

(1)煤沥青的温度敏感性大,夏天易软化流淌而冬天易脆裂。

(2)煤沥青含挥发性成分和化学稳定性差的成分较多,在热、阳光、氧气等长期综合作用下,易硬脆,故大气稳定性差。

(3)煤沥青含有较多的游离碳,塑性较差,容易因变形而开裂。

(4)煤沥青含有酚、萘、蒽等有毒油分,防腐能力较好。

(5)煤沥青与酸性矿料和碱性矿料的黏附力好。

1.9.3 改性沥青(改性石油沥青)

园林建筑工程中使用的沥青必须具有一定的物理性质和黏附性。低温条件下应具有一定的弹性和塑性,高温条件下要有足够的强度和稳定性,在加工和使用条件下具有抗“老化”的能力,还能与矿料和结构表面有较强的黏附力,同时对构件或结构变形有良好的适应性和耐疲劳性。通常炼油厂生产的石油沥青不能完全满足这些要求。很长时间以来,石油沥青及其防水制品的防水及防渗漏问题不够理想,使用寿命短。为此,常用橡胶、树脂和矿物填料等对石油沥青进行改性,使石油沥青的性质得到不同程度的改善。

1.9.3.1 橡胶沥青

橡胶是沥青的重要改性材料,它和沥青有较好的混溶性,经改性的沥青高温变形小,低温柔性好。由于使用的橡胶品种不同,如有天然橡胶、合成橡胶、再生橡胶等,掺入的方法也有所不同,因而各种橡胶的改性沥青的性能也有差异。通过橡胶改性的沥青品种有氯丁橡胶改性沥青、丁基橡胶改性沥青和再生橡胶改性沥青。

1.9.3.2 树脂改性沥青

用树脂改性石油沥青,可以改进石油沥青的耐寒性、耐热性、黏结性和不透气性。由于石油沥青中含芳香性化合物很少,故树脂和石油沥青的相溶性较差,而且可用树脂品种也较少,常用的树脂有聚乙烯、聚丙烯、酚醛树脂等。

1.9.3.3 橡胶和树脂改性沥青

橡胶和树脂同时用于改善沥青的性质,使沥青同时具有橡胶和树脂的特性,且树脂比橡胶便宜,橡胶和树脂又有较好的混溶性,故效果较好。橡胶、树脂和沥青在加热熔融状态下,沥青与高分子聚合物之间发生相互侵入和扩散,形成凝聚的网状混合结构,故能得到较优良的性能。

1.9.3.4 矿物填充改性沥青

为了提高沥青的黏结力和耐热性,减少沥青的温度敏感性,常加入一定数量矿物填充料。常用的矿物填料主要有滑石粉、石灰石粉、云母粉、石棉绒或石棉粉和硅藻土。

1.9.4 防水制品

1.9.4.1 防水卷材

我国长期使用石油沥青纸胎油毡做建筑防水,纸胎油毡除了要消耗大量原纸、施工条件艰苦和污染环境外,还存在着低温脆裂、高温流淌,容易产生鼓起、老化、龟裂、腐烂、渗漏等工程质量问题。

目前,已经增加了不少防水卷材新品种。除了使用改性沥青外,还大力开发和应用各种弹性或弹塑性的、使用寿命长、技术性能好、冷施工、质量轻、污染小的高分子合成材料为基料的防水材料,使建筑防水工程的质量大大提高。

1)改性沥青防水卷材

(1)玻璃纤维布油毡:它是用沥青浸涂玻璃纤维布的两面,然后撒布滑石粉或云母片制成的。制作方法与纸胎油毡相同,只是将原来的纸胎改换成玻璃纤维布,由于玻璃纤维布的拉伸强度、耐久性都比纸胎好,玻璃纤维布油毡的拉伸强度、耐久性、柔韧性及耐腐蚀性都优于纸胎石油沥青油毡。其适用于耐水性、耐久性、耐腐蚀性要求较高的工程。

(2)再生橡胶石油沥青油毡(简称再生胶油毡):它是用再生橡胶、10号石油沥青及化学助剂和碳酸钙粉等填充材料经混炼、压延而成的无胎防水卷材。它具有较好的弹性、抗蚀性、不透水性和低温柔性,还有较高的拉伸强度,适用于屋面防水和水工、桥梁、地下建筑物及管道等重要防水工程和建筑物的变形缝防水处理。

(3)铝箔面油毡:它采用玻璃纤维毡为胎基,浸涂氧化沥青,在其上面用压纹铝箔贴面,底面撒以细颗粒矿物材料或覆盖聚乙烯(PE)膜,制成的一种具有热反射和装饰功能的防水卷材。

(4)铝箔塑胶油毡:它是以合成纤维无纺布为胎体,以弹塑性能良好的合成塑胶沥青为防水主体,以铝箔作面层,经配料、复合、分卷、包装而成。

铝箔塑胶油毡质量较轻,耐腐蚀性、耐水性好,而且对太阳光反射率大,在20~80 ℃温度范围内适应性强,价格较低,是一种良好的防水材料,适用于屋面防水工程。当用做屋面防水时,是单层铺、冷施工,操作简便。

(5)SBS改性沥青柔性油毡:SBS是热塑性丁苯橡胶的简称,它兼有橡胶和塑料的特性,常温下具有橡胶的弹性,高温下又具有塑料的可塑性。SBS改性沥青柔性油毡是以聚脂纤维无纺布为胎体,以SBS橡胶改性石油沥青为浸渍涂盖层(面层),以塑料薄膜为防黏隔离层或油毡表面带有砂粒的防水卷材。

2)合成高分子防水卷材

合成高分子防水卷材是以合成橡胶、合成树脂或它们两者的共混体为基料,加入适量的化学助剂和填充料等,经不同工序加工而成的可卷曲的片状防水材料,或上述材料与合成纤维等复合形成两层或两层以上可卷曲的片状防水材料。

1.9.4.2 沥青胶(玛琋脂)

1)热沥青胶

热沥青胶是将沥青加热至180~200 ℃,脱水后与加热干燥的粉料或纤维填充料热拌而成,主要用于粘贴卷材、嵌缝、补漏、接头及作为其他防水、防腐蚀层的黏结层等。

2)冷沥青胶

冷沥青胶一般是石油沥青和稀释剂(绿油、汽油、煤油)调成沥青溶液,再加入填充料(熟石灰粉、石棉等)搅拌而成。冷沥青胶可在常温下施工,可改善劳动条件,能涂刷成均匀薄层,节约沥青,但成本较高。

1.9.4.3 防水涂料

防水涂料应考虑基层条件并按照预计要实现的功能来选择。

1)防水涂料应具有的基本功能

在混凝土或砂浆基层上涂布一层防水涂料,或在沥青叠层屋面开始龟裂但尚未漏水以前加涂涂料,都能形成一层防水薄膜,且对光、热、臭氧都具有较高的抵抗能力。

当屋面或墙面涂上涂料以后,防止水及有害介质渗入,可以有效解决混凝土或砂浆的碳化和金属的腐蚀等问题。

屋面和墙面的颜色与建筑物的外观关系密切,涂上一层彩色涂料,改善建筑物表面颜色,达到建筑物外观美的要求。

白色或浅色涂料的屋面,可增强屋面对太阳光的反射能力和提高屋面的隔热效果。

2)常用防水涂料

常用防水涂料有冷底子油、溶剂型再生橡胶沥青防水涂料、水乳型再生橡胶防水涂料、氯丁橡胶沥青防水涂料和聚氨酯防水涂料等。

1.9.4.4 嵌缝油膏(密封材料)

建筑工程中常用嵌缝油膏填于板缝或涂布于屋面,可防水、防尘和隔气,并具有良好的黏附性、强度、耐老化性能和温度适应性,能长期经受板缝的变形而不破坏。嵌缝油膏可分为三大类。

第一类是塑料密封膏,是以改性沥青和煤焦油为主制成的。其价格低,具有一定的塑性和耐久性,但弹性和延伸性较差,使用年限在10年以内。

第二类是弹塑性密封膏,有聚氯乙烯胶泥和各种塑料油膏。这类密封膏弹性较小,塑性较大,延伸性和黏结力较好,使用年限在10年以上。

第三类是弹性密封膏,是由聚硫橡胶、有机硅橡胶、氯丁橡胶、聚氨酯和丙烯酸萘为主要原料制成的。这类密封膏的性能好,使用年限可达20年左右。

1.10 木 材

木材与水泥、钢材一起被称为三大建筑材料,在园林建筑工程中,木材被广泛应用于门窗、屋架、梁、柱、模板、地板隔墙、顶棚以及室内装饰等。因此,正确认识选用合适的木材是提高园林工程质量、降低成本的重要措施之一。

1.10.1 木材水分和含水率的计算

木材中的水分分三种状态,存在于细胞腔中的水分叫自由水,存在于细胞壁中的水分叫吸着水,构成细胞化学成分的水叫化合水。自由水是木材含水量的主要部分,吸着水与木材的特性有很大关系,化合水对材性没有明显影响。

1.10.1.1 含水率及其计算

1)木材含水率(绝对含水率)

木材含水率是指木材中所含水分的质量与单位体积木材质量相比所得的百分率。木材含水率可分为五类。

(1)生材含水率:是指刚采伐的木材中含的水分,平均在70%~140%。

(2)湿材含水率:是指长期处于水中的木材所含水分。含水率通常比生材高,一般都超过100%。

(3)全干材含水率:是指生材和湿材长期存放,使之在空气中干燥,当木材中的水分蒸发已基本停止后的水分。其含水率与大气的湿度处于平衡状态,含水率在12%~

18%，平均为15%。

(4)炉干(或室干)材含水率：是指木材在利用上，为了缩短干燥时间，保证产品质量，在使用前，用人工干燥的方法，将木材放在炉或室中干燥后的水分。干燥后的含水率一般为4%～12%。

(5)绝干含水率：是指木材在10～105 ℃的温度下干燥后所含的水分，其含水率几乎接近于0。

2)木材含水率计算

木材含水率的计算分绝对含水率和相对含水率两种。

(1)绝对含水率计算：是以绝干材的质量为基数。用这种方法计算时，如木材含有过多的水分时，所得的数值有时大于100%，甚至达到200%以上，其公式为：

$$\text{绝对含水率}=\frac{\text{含水木材的原始质量(g)}-\text{绝干木材质量(g)}}{\text{绝干木材质量(g)}}\times 100\%$$

(2)相对含水率的计算：是以含水木材的原始质量为基数，所得的数值小于100%，其计算公式为：

$$\text{相对含水率}=\frac{\text{含水木材原始质量(g)}-\text{绝干木材质量(g)}}{\text{含水木材原始质量(g)}}\times 100\%$$

在生产中或实验室里，大多采用绝对含水率来表示木材的含水量，一般提到的含水率，除了特别说明外，都是指绝对含水率。

1.10.1.2　木材的平衡含水率

木材是一种吸湿性物质，对水有高度的亲和力。全干的木材放在潮湿的空气里，很快就会吸收水分，湿木材放在干燥的空气中，会不断蒸发水分。木材吸收和蒸发水分的速度，随着时间的延续会逐步放慢，最后达到吸收和蒸发速度相等，呈动态平衡状态。这种平衡状态下的含水率就是木材的平衡含水率。

木材的平衡含水率受大气湿度的影响，因地区而不同。北方约为12%，南方约为18%，华中约为16%。木制品用材的含水率，必须干燥到所在地区的平衡含水率以下，否则制成的木质品会产生开裂或变形。

1.10.2　木材的干缩和湿胀

湿木材散发水分时，先蒸发的是自由水。当自由水蒸发完毕，吸着水尚呈饱和状态时，称为纤维饱和点，这时木材的含水率称为纤维饱和点含水率。一般纤维饱和点含水率在23%～30%。

木材的含水率在纤维饱和点以上时，木材中水分增减对木材性能没有影响。就木材的尺寸而言，不因水分的增加而湿胀，也不因水分的减少而收缩，木材的强度也不发生变化。但含水率在纤维饱和点以下的时候，木材中所含水分的增减，既引起木材尺寸、形体上的变化，还会引起木材强度的变化。

木材干燥过程中，当含水率在纤维饱和点以下时，吸着水减少，木材出现干缩，干缩程度在木材三个方向上各不相同：

纵向干缩最小，收缩率为0.1%～0.2%；弦向干缩最大，收缩率为6%～12%；径向干缩次之，收缩率为3% ~6%。

木材含水率在纤维饱和点以下时，木材吸收水分后，体积增大称为木材的膨胀。它的膨胀也不平衡，弦向膨胀最大，一般为6% ~12%；径向次之，一般为3% ~6%；纵向最小，一般为0.1% ~0.2%。湿材干燥后，将改变其截面形状和尺寸，引起翘曲，局部弯曲、扭曲、反翘，也会发生裂缝等现象（见图1-7）。

(a)木材的扭曲　(b)木材的弯曲　(c)木材的反翘

图1-7　木材干缩后的变形

木材的湿胀干缩对木材的使用有严重影响，干缩使木结构件连接处发生缝隙而导致接合松弛，湿胀则造成凸起。为了避免这种情况，最根本的办法是预先将木材进行干燥，使木材的含水率与将制作的构件使用时所处的环境湿度相适应，即将木材干燥至平衡含水率后才加工使用。

1.10.3　木材的主要力学性质

木材的主要力学性质有抗压强度、拉伸强度、抗弯强度、抗剪强度、硬度和韧度等。

1.10.3.1　抗压强度

木材受外加压力时，能抵抗压缩变形的能力，称为抗压强度。它分为顺纹抗压强度和横纹抗压强度两种。

外部机械压力与木材纤维方向平行时的抗压强度称为顺纹抗压强度；外部机械压力与木材纤维方向垂直时的抗压强度称为横纹抗压强度。

1.10.3.2　拉伸强度

木材受外加拉力时，能抵抗拉伸变形破坏的能力称为拉伸强度。它也分顺纹和横纹两种。

外部机械拉力与木材纤维方向垂直时的拉伸强度是木材的横纹拉伸强度；外部机械拉力与木材纤维方向平行的拉伸强度是木材的顺纹拉伸强度。

1.10.3.3　抗剪强度

使木材的相邻两部分产生相对位移的外力，称为剪力。木材抵抗剪力破坏的能力称为抗剪强度。

1.10.3.4　抗弯强度

有一定跨度的木材，受到垂直于木材纤维方向的外力作用后，会产生弯曲变形，木材抵抗这种弯曲变形的能力称为抗弯强度。

1.10.3.5　硬度

木材硬度为木材抵抗其他固体压入的能力，还表示木材抵抗磨损的性能。

1.10.4　木材的缺陷

由于发育不好或病、虫危害等原因，使木材有缺陷或畸形发展而影响了木材的正常使用,木材的这些弊病称为木材的缺陷。按我国的标准,木材的缺陷主要有以下 8 种。

1.10.4.1　节子(节疤)

树木的枝条在生长过程中埋藏在树干内部的枝条基部称为节子或节疤。木材有节子是树木的一种正常生理现象,但是节子的存在,破坏了木材的纹理。靠近节子附近的年轮被挤弯,影响木材的物理和力学性质,所以在木材的利用上,通常都认为节子是一种缺陷。

1.10.4.2　变色腐朽

变色菌侵入木材后,摄取木材细胞腔的养分,而不分解细胞壁的物质。在其全部活动过程中引起木材正常颜色的改变称为变色。

腐朽菌侵入木材后,不仅使木材改变颜色,而且会使木材结构逐渐变得松软、脆弱、易碎,最后形成一种呈筛孔状或粉末状的软块,这种现象称为腐朽。

1.10.4.3　虫眼

大都是树木伐倒或枯死后,遭受甲虫、蚁虫等的啃食而成。

1.10.4.4　开裂

树木在生长后期或伐倒后,受湿度和温度的影响,使木材纤维之间发生脱离的现象称为开裂。

木材沿着长度方向开裂称为纵裂,围着年轮方向发生的裂纹称为环裂。

1.10.4.5　弯曲

树干的轴线不在一条直线上,向前后左右凸出的现象,称为弯曲。木材的弯曲影响木材的出材率和木材的强度。

1.10.4.6　斜纹

树干纤维呈螺旋形生长,整个树干的纹理表现为扭转状,称为木材的斜纹或扭转纹。

1.10.4.7　伤疤

树木的伤疤包括外伤、夹皮、树瘤等缺陷。

1.10.4.8　木材加工缺陷

在原木加工和保管过程中,由于人为的原因造成的缺陷称为木材加工缺陷,主要有倒茬、钝棱和弯曲等。

1.10.5　人造板材

林木生长缓慢,难以满足工程建设对木材的需要。所以,一方面应在建筑工程中尽可能少用木材,以钢代木,以塑代木,节约木材;另一方面应努力做好木材的综合利用,充分利用木材的边角废料,生产各种人造板材,提高木材的利用率。

1.10.5.1　胶合板

胶合板是利用原木旋切成单板(薄板),再经干燥涂胶后,将一定规格的单板配叠成规定的层数,每一层的木纹方向必须纵横交错,再经热压制成的一种人造板材。出于构成胶合板的层数都是奇数,故通常称为三合板、五合板、七合板等,十一层以上的板材称为多层板。

胶合板改变了木材的天然缺陷,把节子、虫眼、腐朽等截去或进行修补,质量差的用做心板或背板,质量好的用做面板,达到优材优用、劣材良用的目的。同时,由于单板交错胶合,克服了变形、开裂的缺点,提高了木材的利用价值。胶合板具有板材幅面大,易于加工,板材纵横向强度均匀,适应性强,板面平整,收缩性小等优点。

1.10.5.2　**纤维板**

纤维板是以木材、竹材的边角废料或农作物秸秆为主要原材料,经破碎浸泡、研磨成木浆,再经湿压成型、干燥处理而成的一种人造板材。原料来源广,制造成本低。

纤维板各部分构造均匀,硬质和半硬质纤维板含水率都在20%以下。纤维板质地坚密,吸水性和吸湿率低,不易翘曲、开裂和变形,同一单面内各个方向的强度均匀。硬质和半硬质纤维板的抗弯强度一般可达3~4 MPa,且隔声、隔热、电绝缘性能都较好。纤维板无节疤、变色、腐朽、夹皮、虫眼等木材的缺陷,具有幅面大、加工性能好、利用率高等优点。

1.10.5.3　**刨花板**

刨花板是利用枝丫材、小径材经削片、刨片制成的刨花,经过干燥、施胶,热压制而成的板材。这类板材密度较小,强度较高,目前主要用于家具及室内装饰,但不宜用于潮湿处。

第2章　园林土方工程

大凡园筑,必先动土。动土涉及的范围很广,任何建筑物、构筑物、道路及广场等工程的修建,都要在地面上做一定的基础,如挖掘基坑、路槽等。它几乎贯穿了所有园林工程的分项工程。土方工程是园林工程中的主要工程项目,特别是大规模的挖湖堆山、整理地形的工程。这些项目工期长、工程量大、投资大,且艺术要求高。施工质量的好坏直接影响景观质量和以后的日常维护管理。

2.1　园林地形与表现

2.1.1　地形组成要素

组成园林地面的组成要素,是指地形中的地貌形态、地形分割条件、地表平面形状、地面坡向和坡度大小等几个方面的组成要素。

2.1.1.1　园林地貌形态

地貌形态就是地面的实际样子或地面的基本形状面貌。从我国的情况看,基本的地貌形态主要有山地地貌、冰川地貌、黄土地貌、风沙地貌、海岸地貌及流水地貌等。我国园林中,常见的地貌形态主要有五类,即丘山地貌、岩溶地貌、平原地貌、海岸地貌和流水地貌。

1)丘山地貌

丘山地貌指山地和丘陵地的地貌形态,这类地貌的变化与地表的切割情况相关。地表切割深度在20~200 m,断面坡度小于5%的地形,是丘陵地形。切割深度在200 m以上,断面坡度大于5%的地形,则是山地地形。丘陵地形对于面积不是很大的园林来讲,地势的起伏度已经够大,园林造景比较方便,但要想开辟大面积水体则显得平地的面积不足。山地地形的起伏度很大,营造以山景和林景为主的景观很方便,但修建建筑、开辟宽阔水面比较困难,建设过程中土方工程量比较大。

2)岩溶地貌

在石灰岩广泛分布的地区,由于地表水和地下水对石灰岩的溶解、侵蚀、沉淀和堆积,构成了石灰岩地区特有的地貌形态,这种地貌被叫做岩溶地貌。岩溶地貌所构成的景观奇形怪状、千变万化,观赏价值很高。岩溶地貌本身就提供了丰富的山水洞石等多种多样的景观,一般不需要由园林工程来人工造景,因此园林中直接利用已有的景观即可。

3)平原地貌

平原地貌实际上是流水地貌中流域范围内平地部分的地貌。当地表切割深度小于25 m时,就可称为微分割平原。平原地貌具有开阔的视野,最方便风景建筑的修建、各种原料场地的修建和多数园林植物的生长,可以比较方便地开辟大面积水体。但这种地貌中没有现成的山景,必须要通过人工挖土堆山来造出山景。

4)海岸地貌

一般石海岸地带比较陡峻狭长,泥沙海岸则比较平坦宽广。海岸地貌景观主要由海浪冲击形成的海蚀地貌和由海水搬运作用或生物堆积作用造成的海积地貌组成。利用海岸地貌建造园林,基本上也是直接利用海景、岸景等自然景观,仅开辟或修建一些场地、园路、观景点和风景建筑,栽培一些海岸植物,使海岸景观园林化。

5)流水地貌

流水是改造地表形态的主要自然力。由流水造成的直接地貌形态常见的有:山地、坡地、平地表面的雨裂细沟、冲沟、汇水沟、分水岭等,和与较大水流相伴随的河谷、峡谷、天然堤、河心滩、沙洲、港汊、蓄洪湖泊、蓄水水库等。流水地貌是在园林中经常利用的地貌形态。在园林中,一般都要通过一定的工程措施,对自然的流水地貌加以整治。砌筑驳岸,修桥建亭,植荷种树,将地貌改造成为园林化的地貌。

2.1.1.2 地形平面要素

1)地面分割要素

在园林地形构成中,自然条件与人工条件对地面的分割起着主要的作用。

(1)自然条件分割:地面上,由两个方向相反的坡面交接而形成的线状地带,可构成分水线和汇水线。这两种分界线把地貌分割成为不同坡向、不同大小、不同形状的多块地面。各种地面的形状如何,取决于分水线和汇水线的具体分布情况。其他如冲沟、溪涧、河流、山丘、悬崖和峭壁等的带状水体或线状边沿,也对地面进行划分,在地形构成中占有重要地位,它们实际上也在起汇水线、分水线的作用。因此,分水线和汇水线就是自然地形的两种基本分割要素。

(2)人工条件分割:在园林的山地、丘陵和平地上,人工修建的园路、围墙、隔墙、排水沟渠等,也将园林建设用地分割为大小不同、坡向变化、坡度各异的各块用地,这些也是一类地形分割要素,即人工分割要素。

2)平面形状要素

地表的平面形状是由各种分割要素进行分割而形成的。从地块的平面形状来说,东西南北的方向性是其平面要素之一。除了圆形场地外,正方形、长方形、条状、带状及各种自然形状的地块,都有一定的方向性。此外,水平方向上的具体尺度,也是地块平面形状的一种要素。地块的长短宽窄,大小形状等,都可由一定尺度来决定。

2.1.2 地形的类型(平地、坡地、山地)

地形可以通过各种途径加以分类和评价。这些途径包括它的地表形态、地形分割条件、地质构造、地形规模、特征及坡度等。在上述各种分类途径中,对于园林造景来说,坡度乃是涉及地形的视觉和功能特征最重要的因素之一。从这个角度,我们可以把地形分为平地、坡地、山地三大类。

2.1.2.1 平地

在现实世界的外部环境中绝对平坦的地形是不存在的,所有的地面都有不同程度甚至是难以察觉的坡度,因此这里的“平地”指的是那些总的看来是“水平”的地面,更为确切的描述是指园林地形中坡度小于3%的较平坦用地。平地对于任何种类的密集活动都是适用的。园林中,平地适于建造建筑,铺设广场、停车场、道路,建设游乐场,铺设草坪草地,建设苗圃等。因此,现代公共园林中必须设有一定比例的平地形以供人流集散以及交通、游览需要。

平地上可开辟大面积水体以及作为各种场地用地,可以自由布置建筑、道路、铺装广场及园林构筑物等景观元素,亦可以对这些景观元素按设计需求适当组合、搭配以创造出丰富的空间层次。

园林中对平地应适当加以地形调整,一览无余的平地不加处理容易流于平淡。适当地对平地形挖低堆高,造成地形高低变化,或结合这些高低变化设计台阶、挡墙,并通过景墙、植物等景观元素对平地形进行分隔与遮挡,可以创造出不同层次的园林空间。

从地表径流的情况来看,平地径流速度慢,有利于保护地形环境,减少水土流失,但过于平坦的地形不利于排水,容易积涝,破坏土壤的稳定,对植物的生长、建筑和道路的基础都不利。因此,为了排除地面水,要求平地也具有一定的坡度。

2.1.2.2　坡地

坡地指倾斜的地面,园林中可以结合坡地形进行改造,使地面产生明显的起伏变化,增加园林艺术空间的生动性。坡地地表径流速度快,不会产生积水,但是地形起伏过大或坡度不大但同一坡度的坡面延伸过长,则容易产生滑坡现象。因此,地形起伏要适度,坡长应适中。坡地按照其倾斜度的大小可以分为缓坡、中坡、陡坡3种。

1)缓坡

坡度在3%~10%的坡地为缓坡,适宜于运动和非正规的活动,一般布置道路和建筑基本不受地形限制。缓坡地可以修建活动场地、游憩草坪、疏林草地等。缓坡地不宜开辟面积较大的水体,如要开辟大面积水体,可以采用不同标高水体叠落组合形成,以增加水面层次感。缓坡地植物种植不受地形约束。

2)中坡

坡度在10%~25%的坡地为中坡,在中坡地上爬上爬下显然很费劲,中坡只有山地运动或自由游乐才能积极加以利用。在这种地形中,建筑和道路的布置会受到限制。垂直于等高线的道路要做成梯道,建筑一般要顺着等高线布置并结合现状进行地形改造才能修建,并且占地面积不宜过大。对于水体布置而言,除溪流外不应开辟河湖等较大面积的水体。中坡地植物种植基本不受限制。

3)陡坡

坡度在25%~50%的坡地为陡坡。陡坡的稳定性较差,容易造成滑坡甚至塌方,因此在陡坡地段的地形改造一般要考虑加固措施,如建造护坡、挡墙等。陡坡上布置较大规模建筑会受到很大限制,并且土方工程量很大。如布置道路,一般要做成较陡的梯道;如要通车,则要顺应地形起伏做成盘山道。陡坡地形更难设计较大面积水体,只能布置小型水池。陡坡地上土层较薄,水土流失严重,植物生根困难,因此陡坡地种植树木较困难,如要对陡坡进行绿化可以先对地形进行改造,改造成小块平整土地,或在岩石缝隙中种植树木,必要时可以对岩石打眼处理,留出种植穴并覆土种植。

2.1.2.3　山地

同坡地相比，山地的坡度更大，其坡度在50%以上。山地根据坡度大小又可分为急坡地和悬坡地两种。急坡地地面坡度为50%以上，悬坡地是地面坡度在100%以上的坡地。由于山地尤其是石山地的坡度较大，因此在园林地形中往往能表现出奇、险、雄等造景效果。山地上不宜布置较大建筑，只能通过地形改造点缀亭、廊等单体小建筑。山地上道路布置亦较困难，在急坡地上，车道只能曲折盘旋而上，游览道需做成高而陡的爬山磴道；而在悬坡地上，布置车道则极为困难，爬山磴道边必须设置攀登用扶手栏杆或扶手铁链。山地上一般不能布置较大水体，但可结合地形设置瀑布、叠水等小型水体。山地，特别是石山地的植物生存条件比较差，适宜抗性好、生性强健的植物生长。但是，利用悬崖边、石壁上、石峰顶等险峻地点的石缝石穴，配植形态优美的青松、红枫等风景树，却可以得到非常诱人的犹如盆景树石般的艺术景致。

2.1.3　地形的表达方式

2.1.3.1　等高线法

等高线是最常用的地形平面图表示方法（见图2-1）。所谓等高线，是指地面上高程相等的点连接而成的闭合曲线。等高线也可以理解为一组垂直间距相等、平行于水平面的假想面与自然地形相交切所得到的交线在平面上的投影，等高线表现了地形的轮廓，它仅是一种象征地形的假想线。

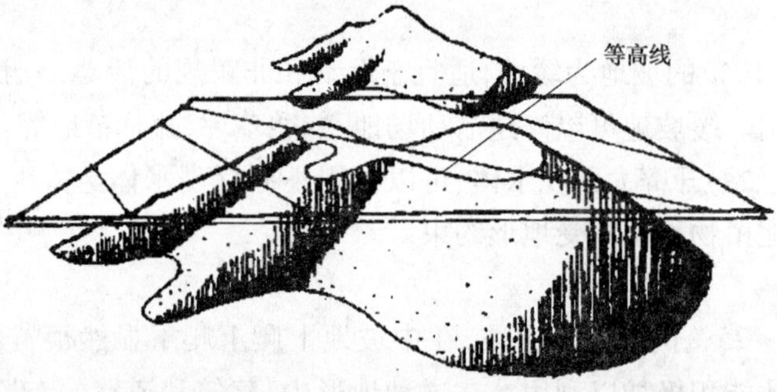

图2-1　等高线示意

等高线法中还有一个需要了解的相关术语叫等高距。等高距是指在一个已知平面上任何两条相邻等高线之间的垂直距离。等高距是一个常数。在地形设计时，用设计等高线和原地形等高线可以在图上表示地形被改动的情况。绘图时，设计等高线用细实线绘制，原地形等高线则用细虚线绘制。当设计等高线低于原地形等高线时，则需要在原地形上进行开挖，我们称之为“挖方”；反之，当设计等高线高于原地形等高线时，则需要在原地形上增加一部分土壤，我们称之为“填方”（见图2-2）。

等高线有如下几个特点。

（1）在同一条等高线上的所有的点，其高程都相等。

（2）所有等高线总是各自闭合的。由于设计红线范围或图框所限，在图纸上不一定每根等高线都能闭合，但实际上它还是闭合的，只不过闭合处在红线范围或图框之外。

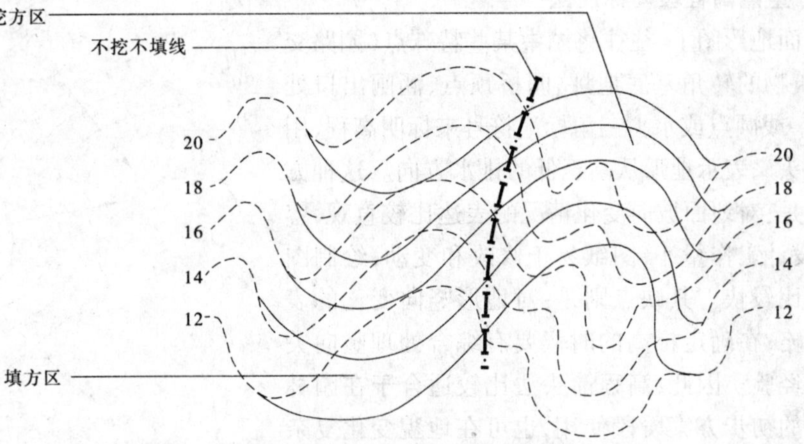

图 2-2　用原等高线和设计等高线表示挖方与填方

(3)由于等高线之间的垂直距离即等高距是个常数,因此等高线水平间距的大小就可以表示地形的倾斜度大小。等高线越密,则地形倾斜度越大;反之,等高线越疏,则地形倾斜度越小。当等高线水平距离相等时,则表示该地形坡面倾斜角度相同(见图 2-3)。

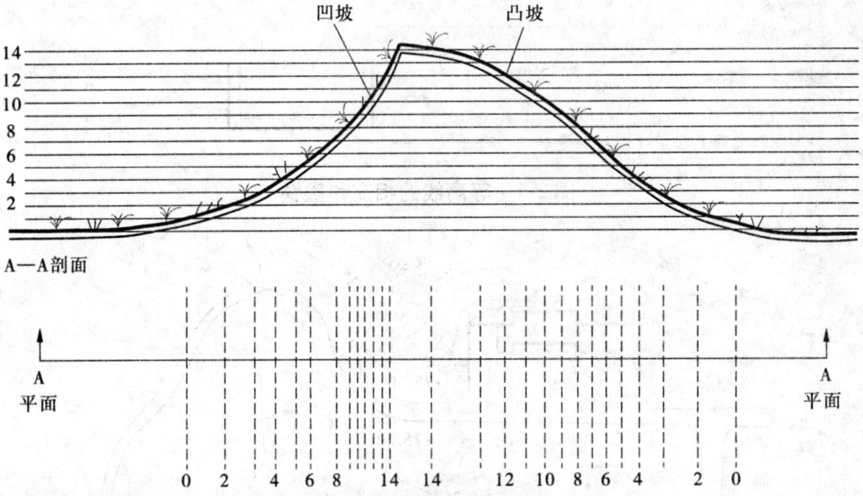

图 2-3　等高线的疏密

(4)间距相等的等高线意味着一个变化均匀或恒定的斜坡。

(5)为表示三维地形和斜坡方向,需要使用两条或更多的等高线(见图 2-4)。

(6)最陡的斜坡是和等高线垂直的。这是在最短的水平间距上有最大的竖向变化的结果。水沿着垂直于等高线的方向流动。

(7)等高线一般不相交或重叠。只有在表示某一悬挑物或一座固有桥梁时才可能出现相交的情况。在某些垂直于水平面的峭壁、挡墙处,等高线才会重合在一起(见图 2-5)。

2.1.3.2 重点高程坡向标注法

在平面地形图上，往往将图中某些特殊点(园路交叉点、建筑物的转角基底地坪、园桥顶点、涵闸出口处等)用十字或圆点或水平三角标记符号来标明高程，用细线小箭头来表示地形从高至低的排水方向。这种方法的特点是：对地面坡向变化情况的表达比较直观，容易理解；设计工作量小，图纸易于修改和变动；绘制图纸的过程比较快。其缺点则是：对地形竖向变化的表达比较粗略，在确定标高的时候要有综合处理竖向关系的工作经验。因此，高程箭头法比较适合于在园林地形设计的初步方案阶段使用，也可在地貌变化复杂时，作为一种指导性的地形设计方法(见图2-6)。

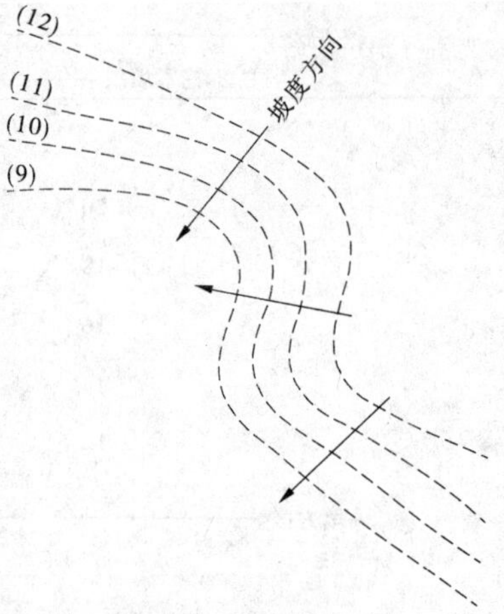

图2-4 斜坡的方向

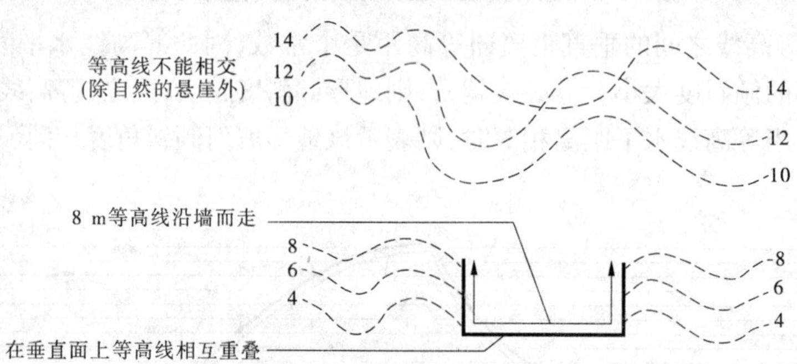

图2-5 等高线的相交和重叠

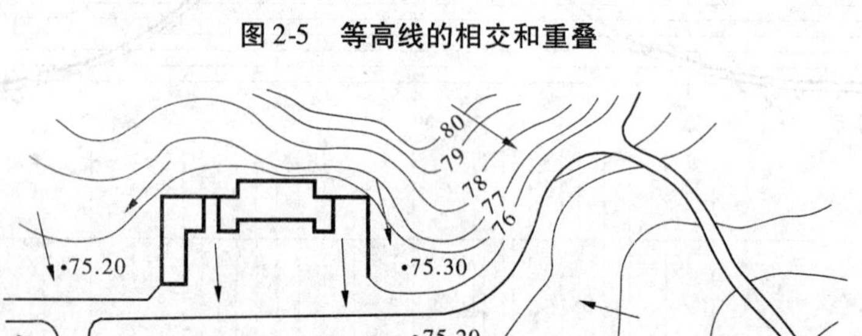

图2-6 用高程箭头法表示地形

2.1.3.3 坡度标注法

对地形的描述还可以用坡度的方法表示。坡度即地形的倾斜度，通过坡度的垂直距离与水平距离的比率说明坡度大小,坡向采用指向下坡方向的箭头表示,坡度百分数应标注在箭头的短线上。

坡度的计算可用下式来表示:

$$i = \frac{H}{L} \times 100\%$$

式中　i——坡度;

H——垂直高差;

L——水平高差。

例如:一斜坡在水平距离为 4 m 内上升 1 m,其坡度 i 应为(见图 2-7)

$$i = \frac{1}{4} \times 100\% = 25\%$$

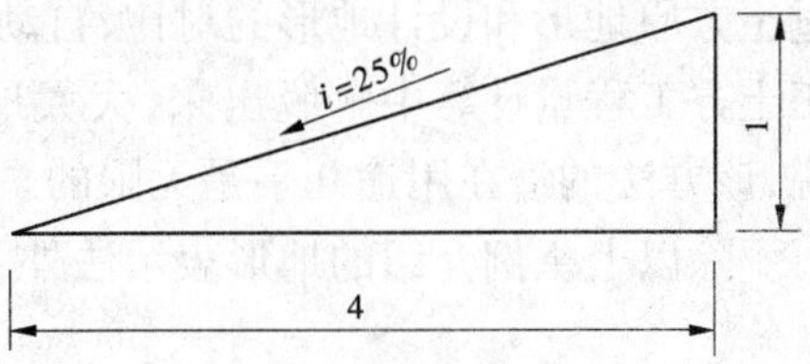

图 2-7　坡度标注法示意

在此要注意的是坡度不应与角度的概念混淆起来。这里指的角度即坡面与水平面的夹角。表 2-1 列出了坡度与角度的关系。

表 2-1　坡度与角度的关系

坡度(%)	角度	坡度(%)	角度	坡度(%)	角度
1	0°34′	21	11°52′	41	22°18′
2	1°09′	22	12°24′	42	22°47′
3	1°43′	23	12°57′	43	23°16′
4	2°17′	24	13°30′	44	23°45′
5	2°52′	25	14°02′	45	24°14′
6	3°26′	26	14°34′	46	24°42′
7	4°00′	27	15°07′	47	25°10′
8	4°34′	28	15°39′	48	25°38′
9	5°09′	29	16°10′	49	26°06′
10	5°43′	30	16°42′	50	26°34′
11	6°17′	31	17°13′	51	27°01′
12	6°51′	32	17°45′	52	27°28′
13	7°24′	33	18°16′	53	27°55′
14	7°58′	34	18°47′	54	28°22′
15	8°32′	35	19°17′	55	28°48′
16	9°05′	36	19°48′	56	29°14′
17	9°39′	37	20°18′	57	29°40′
18	10°12′	38	20°48′	58	30°06′
19	10°45′	39	21°18′	59	30°32′
20	11°19′	40	21°48′	60	30°58′

2.1.3.4　**计算机绘图法**

通过现有的一系列计算机绘图软件,可以建立和原地形地表形状相一致的电子模型,同样,也可以建立地形改造后的设计地形电子模型。对于设计师来说可以在屏幕上从任意视角来观察和体验地形的三维形态,甚至可以制作成多媒体动画,从而可以连续地、实时地得到地形变化的印象,并据此对设计地形做出进一步调整。另外,某些软件还可以通过土方原地形和设计地形的对比,自动地计算出土方工程量,使工程技术人员从繁杂的手工土方工程量计算中解脱出来,大大地提高了工作效率。因此,对于设计师和工程师来说,该方法的潜在用途几乎是无限的。

除以上举例介绍的地形表示法外,还有坡级图表示法、明暗与色彩表示法、模型法等。

2.2　地形分析与竖向设计

2.2.1　地形分析

地形分析包括地面高程、坡度、特征、脊线(分水线)、谷线(汇水线)、洪水淹没线(50年一遇和100年一遇)、制高点、冲沟、洼地位置等内容。

2.2.1.1　**高程系统**

我国各城市采用的高程主要有两种:

黄海高程系统——以青岛观潮站海平面作为零点的高程系统。

吴淞高程系统——以吴淞口观潮站海平面作为零点的高程系统。

2.2.1.2　**等高线和坡度**

(1)等高线——测量地形图上表示地面高程相等的线,线上注有高程。

(2)等高线平距(l)——地形图上两相邻等高线之间的垂直距离。

(3)等高线高距(h)——相邻等高线间的高程差。一般地形图常用0.5 m、1.0 m、2.0 m、5 m、10 m等。设计等高线高距常用0.1 m、0.2 m、0.25 m、0.5 m等。视地形坡度及图纸比例不同而选用(见表2-2)。

表2-2　设计等高线高距选用　　(单位:m)

比例	坡度		
	<2%	2%~5%	>5%
1:2 000	0.25	0.50	1.00
1:1 000	0.10	0.20	0.50
1:500	0.10	0.10	0.20

(4)地面坡度可以分为平地、缓坡、中坡、陡坡、山地等,每种地形都有其使用特点(见表2-3)。

2.2.1.3　**坡向与日照间距**

不同坡向以东南坡、南坡、西南坡日照为好,东、西坡其次,北坡最差。

表 2-3　坡度分级使用

分级	坡度	使用
平地	0 ~ 3%	建筑、道路布置不受地形坡度限制，可以随意安排。坡度小于 0.3% 时应注意排水组织
缓坡	3% ~ 5%	建筑宜平行等高线或与之斜交布置，若垂直等高线，其长度不宜超过 30 ~ 50 m，否则需结合地形作错层、跌落等处理；非机动车道尽可能不垂直等高线布置，机动车道则可随意选线。地形起伏可使建筑及环境绿地景观丰富多彩
	5% ~ 10%	建筑、道路最好平行等高线布置或与之斜交。若与等高线垂直或大角度斜交，建筑需结合地形设计，做跌落、错层。机动车道需限制其坡长
中坡	10% ~ 25%	建筑应结合地形设计，道路要平行或与等高线斜交迂回上坡。布置较大面积的平坦场地，填、挖土方量甚大。人行道如与等高线作较大角度斜交布置，也需做台阶
陡坡	25% ~ 50%	用做城市居住区建设用地，施工不便、费用大。建筑必须结合地形分别设计，不宜大规模开发建设。在山地城市用地紧张时仍可使用
山地	>50%	通常不宜用于居住区建设

坡地与平地上的房屋日照条件不同，东南坡、南坡及西南坡向阳房屋日照间距可较平地小；北坡背阳，房屋日照间距应比平地大。

坡地日照间距见图 2-8。

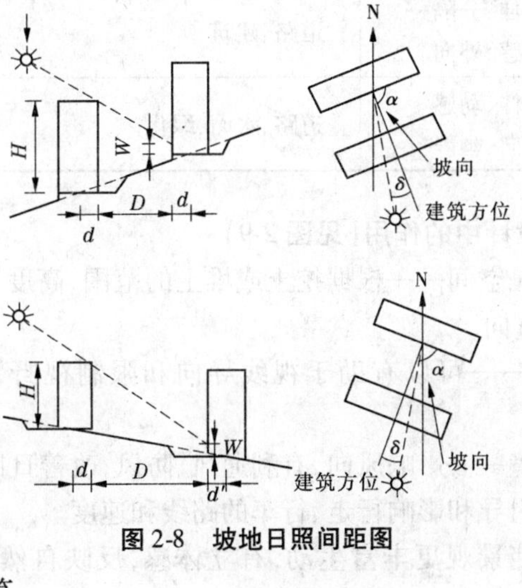

图 2-8　坡地日照间距图

向阳坡日照间距计算：

$$D = \frac{[H - (d + d')\sin\alpha \cdot \tan i - W]\cos\delta}{\tan h_0 + \sin\alpha \cdot \tan i \cdot \cos\delta}$$

背阳坡日照间距计算：

$$D = \frac{[H + (d + d')\sin\alpha \cdot \tan i - W]\cos\delta}{\tan h_0 - \sin\alpha \cdot \tan i \cdot \cos\delta}$$

式中　D——房屋日照间距，m；

H——前排房屋高度，m；

d、d'——前、后房屋底层地面与坡面线交点距墙距离，m；

α——地面坡向与墙面夹角；

i——地面坡度角；

W——后排房屋底层窗台离地面高度，m；

δ——房屋方位角与太阳方位角差，(°)；

h_0——太阳高度角，(°)。

2.2.1.4　地形特征及运用

不同的地形特征具有不同的性质，在运用的过程中都应有针对性的区别对待，这样才能更好地进行场地的设计与施工（见表2-4）。

表2-4　地形特征及其运用

形态特征	性质	运用
平地	开朗、平稳 宁静、多向	广场、大建筑群、运动场、学校、停车场
凸地 （土丘、山堡）	向上、开阔 崇高、动感	理想的景观焦点和观赏景观 建筑与活动场所
凹地	封闭、汇聚 幽静、内向	露天观演、运动场地，水面、绿化休息场所
山脊	延伸、分隔 动感、外向	道路、建筑
山谷	延伸、动感 内向、幽静	道路、水面、绿化

2.2.1.5　地形在竖向设计中的作用（见图2-9）

（1）围合、限制、分隔空间——根据挖土或堆土的范围、高度，可以制约空间的开敞或封闭程度、边缘及空间方向。

（2）控制视野景观——可以有助于视线导向和限制视野，突出主要的景观，屏障陋物。

（3）改善小气候环境——影响风向，有利通风、防风，改善日照，起隔离噪声的作用。

（4）组织交通——引导和影响行走、行车的路线和速度。

（5）美学作用——使景观更丰富生动，有立体感，反映自然，加强建筑艺术表现力。阴影造成的效果具有雕塑感。

2.2.2　竖向设计的原则

2.2.2.1　满足各项用地的使用要求

（1）建筑——室内地坪高于室外地坪：住宅30～60 cm，学校、医院45～90 cm。（多雨地区宜采用较大值。高层建筑、土质较差或填土地段还应考虑建筑沉降）

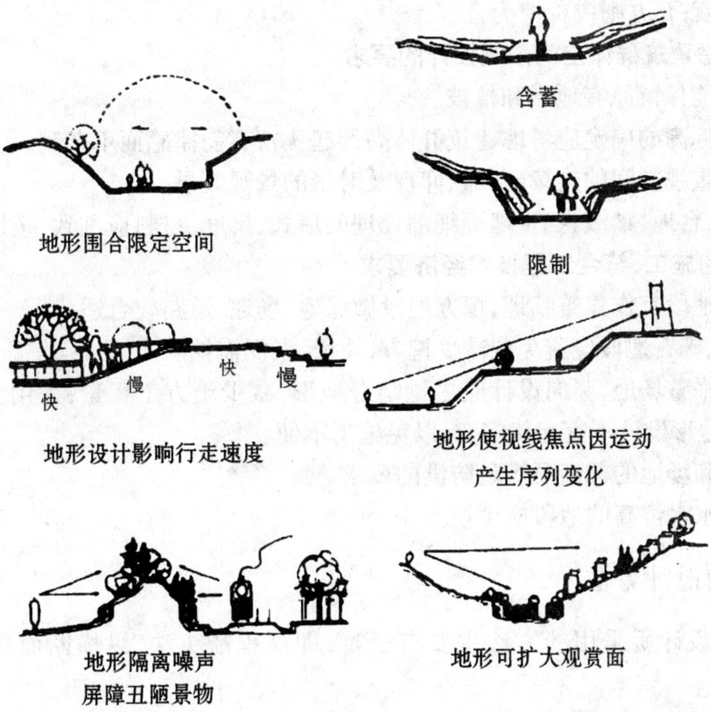

图 2-9　地形在竖向设计中的作用

(2)道路——机动车道纵坡一般小于 6%,困难时可达 9%,山区城市局部路段坡度可达 12%。但坡度超过 4%,必须限制其坡长;坡度 5% ~6% 时,坡长不超过 600 m;坡度 6% ~7% 时,坡长不超过 400 m;坡度 7% ~8% 时,坡长不超过 300 m;坡度 9% 时,坡长不超过 150 m。非机动车道纵坡一般控制在 2% 以内,困难时可达 3%,但其坡长应限制在 50 m 以内。人行道纵坡以不超过 5% 为宜,大于 8% 时行走费力,宜采用踏级。交叉口纵坡不超过 2%,并保证主要交通平顺。

(3)广场、停车场——广场坡度以大于 0.3%、小于 3% 为宜,介于 0.5% ~1.5% 最佳;儿童游戏场坡度以介于 0.3% ~2.5% 为宜;停车场坡度以介于 0.2% ~0.5% 为佳;运动场坡度介于 0.2% ~0.5% 为宜。

(4)草坪、休息绿地——坡度最小为 0.3%,最大 10%。

2.2.2.2　保证良好的排水

(1)力求使设计地形和坡度适合污水、雨水的排水组织和坡度要求,避免出现凹地。

(2)道路纵坡不小于 0.3%,地形条件限制难以达到时应做锯齿形街沟排水。

(3)建筑室内地坪标高应保证在沉降后仍高出室外地坪 15 ~30 cm。

(4)室外地坪纵坡不得小于 0.3%,并且不得坡向建筑墙脚。

2.2.2.3　充分利用地形,减少土方工程量

(1)设计应尽量结合自然地形,减少土、石方工程量。

(2)填方、挖方一般应考虑就地平衡,缩短运输距离。

(3)附近有土源或余方有用处时,可不必过于强调填、挖方平衡,一般情况土方宁多

勿缺,多挖少填;石方则应少挖为宜。

2.2.2.4　**考虑建筑群体空间景观设计的要求**

(1)尽可能保留原有地形和植被。

(2)建筑标高的确定应考虑建筑群体高低起伏富有韵律感而不杂乱。

(3)必须重视空间的连续、鸟瞰、仰视及对景的景观效果。

(4)斜坡、台地、踏级、挡土墙等细部处理的形式、尺度、材料应细致、亲切宜人。

2.2.2.5　**便利施工,符合工程技术经济要求**

(1)挖土地段宜作建筑基地,填方地段做绿地、场地、道路较合适。

(2)岩石、砾石地段应避免或减少挖方,垃圾、淤泥需挖除。

(3)人工平整场地,竖向设计应尽量结合地形,减少土方工程量,采用大型机械施工平整场地时,地形设计不宜起伏多变,以免施工不便。

(4)建筑和场地的标高要满足防洪的要求。

(5)地下水水位高的地段应少挖。

2.2.3　竖向设计方法

园林竖向设计所采用的方法主要有三种,即高程箭头法、纵横断面法和设计等高线法。

2.2.3.1　**高程箭头法**

高程箭头法又叫流水向分析法,主要在表示坡面方向和地面排水方向时使用。应用高程箭头法,能够快速判断设计地段的自然地貌与规划总平面地形的关系。它借助于水从高处流向低处的自然特性,在图上用细线小箭头表示人工改变地貌时大致的地形变化情况,表示对地面坡向的具体处理情况,并且比较直观地表明了不同地段、不同坡面地表水的排除方向,反映出对地面排水的组织情况。它还可根据等高线所指示的地面高程,大致判断和确定园路路口中心点的设计标高和园林建筑室内地坪的设计标高(见图2-6)。

这种表达直观,理解容易,图纸简单,易于修改,设计工作量较小,但细节粗略,需要综合处理竖向关系的工作经验,较适于在园林竖向设计的初步方案阶段或作为复杂地貌的指导性方案使用。

2.2.3.2　**纵横断面法**

纵横断面竖向设计法多在地形复杂情况下需要作比较仔细的设计时采用。这种方法的优点是:对规划设计地点的自然地形有一个立体的形象概念,容易着手考虑对地形的整理和改造。而它的缺点则是:设计过程较长,设计所花费的时间比较多。采用纵横断面法的具体方法步骤如下。

(1)根据竖向设计所要求的精度和规划平面图的比例,在所设计区域的地形图上绘制方格网,方格的大小采用10 m×10 m、20 m×20 m、30 m×30 m等。设计精度要求高,方格网就小一些;反之则大一些。

(2)根据地形图中的自然等高线,用插入法求出方格网交叉点的自然标高。

(3)按照自然标高情况,确定地面的设计坡度和方格网每一交点的设计标高,并在每一方格交点上注明自然地形标高和设计标高。

(4)选定一标高作为绘制纵横断面的起点,此标高应低于规划平面图中所有的自然标高。然后,在方格网纵轴方向将设计标高和自然标高之差,用统一比例标明,并将它们用线连接起来形成纵断面。沿横轴方向绘制横断面图的方法与纵断面相同。

(5)根据纵横断面标高和设计图所示自然地形的起伏情况,将原地面标高和设计标高逐一比较,考虑地面排水组织与建筑组合因素,对土方量进行粗略的平衡。土方平衡中,若填、挖土方量过大,则要修改设计标高,改变设计坡度,按照上述方法重新绘制竖向设计图。

(6)另外用一张图纸,把最后确定的方格网交点设计标高和原有标高抄绘下来,标高标注方法是采用分数式,设计标高写在分数线下方作为分母,原地面标高则写在分数线上方,作为分子。

(7)绘制出设计地面线,即求出原有地形标高和设计标高之差。若自然标高仍大于设计标高,则为挖方;若自然标高小于设计标高,则为填方。在绘制纵横断面的时候,一般习惯的画法是:纵断面中反映填土部分的,要画在纵轴的左边;反映挖方部位的,要画在纵轴的右边。横断面中反映挖土部位的,画在横轴上方,反映填土部位的画在横轴下方。纵断面画出后,就可以反映出工程挖方或填方的情况。

2.2.3.3　设计等高线法

在地形变化不很复杂的丘陵、低山地区进行园林竖向设计,大多要采用设计等高线法(见图 2-10)。这种方法能够比较完整地将任何一个设计用地或一条道路与原来的自然地貌作比较,随时一目了然地判别出设计的地面或路面的挖填情况。

用设计等高线和原地形的自然等高线,可以在图上表示地形被改动的情况。绘图时设计等高线用实线绘制。在竖向设计图上,设计等高线低于自然等高线之处为挖方,高于自然等高线处为填方。

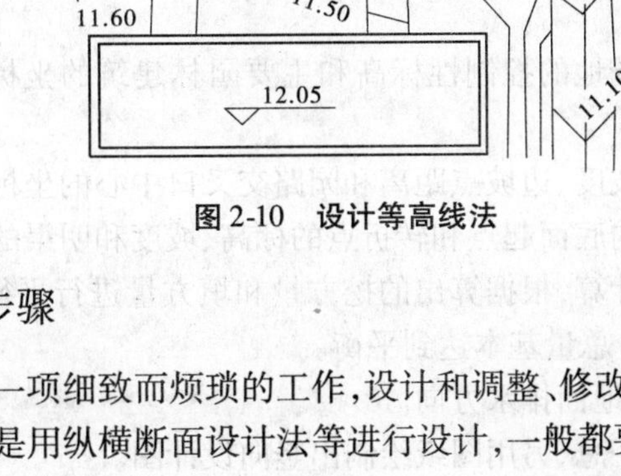

图 2-10　设计等高线法

2.2.4　竖向设计步骤

园林竖向设计是一项细致而烦琐的工作,设计和调整、修改的工作量都很大。但不管是用设计等高线法还是用纵横断面设计法等进行设计,一般都要经过以下一些设计步骤。

2.2.4.1　**资料的收集**

设计进行之前,要详细地收集各种设计技术资料,并且要进行分析、比较和研究,对全园地形现状及环境条件的特点要做到心中有数。需要收集的主要资料如下:

(1)园林用地及附近地区的地形图,比例1:500或1:1 000,这是竖向设计最基本的设计资料,必须收集到,不能缺少。

(2)当地水文地质、气象、土壤、植物等的现状和历史资料。

(3)城市规划对该园林用地及附近地区的规划资料,市政建设及其地下管线资料。

(4)园林总体规划初步方案及规划依据的基础资料。

(5)所在地区的园林施工队伍状况和施工技术水平、劳动力素质与施工机械化程度等方面的参考材料。

资料的收集原则是:关键资料必须齐备,技术支持资料要尽量齐备,相关的参考资料越多越好。

2.2.4.2　**现场踏勘与调研**

在掌握上述资料的基础上,应亲临园林建设现场,进行认真的踏勘、调查,并对地形图等关键资料进行核实。如发现地形、地物现状与地形图上有不吻合处或有变动处,要搞清楚变动原因,进行补测或现场记录,以修正和补充地形图的不足之处。对保留利用的地形、水体、建筑、文物古迹等要加以特别注意,要记载下来。对现有的大树或古树名木的具体位置,必须重点标明。还要查明地形现状中地面水的汇集规律和集中排放方向及位置,城市给水干管接入园林的接口位置等情况。

2.2.4.3　**设计图纸的表达**

竖向设计应是总体规划的组成部分,需要与总体规划同时进行。在中小型园林工程中,竖向设计一般可以结合在总平面图中表达。但是,如果园林地形比较复杂,或者园林工程规模比较大时,在总平面图上就不易清楚地把总体规划内容和竖向设计内容同时表达得很清楚。因此,就要单独绘制园林竖向设计图。

根据竖向设计方法的不同,竖向设计图的表达也有高程箭头法、纵横断面法和设计等高线法等三种方法。下面按高程箭头法和设计等高线法相结合进行竖向设计的情况来介绍图纸的表达方法和步骤。

(1)在设计总平面底图上,用红线绘出自然地形。

(2)在进行地形改造的地方,用设计等高线对地形作重新设计,设计等高线可暂时以绿色线条绘出。

(3)标注园林内各处场地的控制性标高和主要园林建筑的坐标、室内地坪标高以及室外整平标高。

(4)注明园路的纵坡坡度、边坡点距离和园路交叉口中心的坐标及标高。

(5)注明排水明渠的沟底面起点和转折点的标高、坡度和明渠的高宽比。

(6)进行土方工程量计算,根据算出的挖方量和填方量进行平衡。如不能平衡,则调整部分地方的标高,使土方总量基本达到平衡。

(7)用排水箭头,标出地面排水方向。

(8)将以上设计结果汇总,另用图纸绘制出竖向设计图。

2.3　土方工程与施工

2.3.1　土方施工概述

园林用地设计地形的实现必然要依靠土方施工来完成。

任何建筑物、构筑物、道路及广场等工程的修建,都要在地面作一定的基础,挖掘基坑、路槽等,这些工程都是从土方施工开始的。在园林中地形的利用、改造或创造,如挖湖堆山,平整场地都要依靠一定的土方量来完成。土方工程量一般来说在园林建设中是一项大工程,而且在建园中它又是先行的项目。它完成的速度和质量,直接影响着后续工程,所以它和整个建设工程的进度密切相关。

2.3.1.1　土方工程的种类及其施工要求

土方工程根据其使用期限和施工要求,可分为永久性工程和临时性工程两种,但是不论是永久性的还是临时性的土方工程,都要求具有足够的稳定性和密实度,使工程质量和艺术造型都符合原设计的要求。同时在施工中还要遵守有关的技术规范和原设计的各项要求,以保证工程的稳定和持久。

2.3.1.2　土壤的工程性质及工程分类

土壤的工程性质对土方工程的稳定性、施工方法、工程量及工程投资有很大影响,也涉及工程设计、施工技术和施工组织的安排。

1)土壤的容重

土壤的容重是指单位体积内天然状况下的土壤质量,单位为 kg/m^3。土壤容重的大小直接影响着施工的难易程度,容重越大挖掘越难。在土方施工中把土壤分为松土、半坚土、坚土三类。所以,施工中施工技术和定额应根据具体的土壤类别来制定。

2)土壤的自然倾斜角(安息角)

土壤自然堆积,经沉落稳定后的表面与地平面所形成的夹角(见图2-11),就是土壤的自然倾斜角,以 α 表示。在工程设计时,为了使工程稳定,其边坡坡度数值参考相应土壤的自然倾斜角的数值,土壤自然倾斜角还受到其含水量的影响(见表2-5)。

表2-5　土壤的自然倾斜角

土壤名称	土壤含水量			土壤颗粒尺寸(mm)
	干土	潮土	湿土	
砾石	40°	40°	35°	2~20
卵石	35°	45°	25°	20~200
粗砂	30°	45°	25°	1~2
中砂	28°	35°	25°	0.5~1
细砂	25°	30°	20°	0.05~0.5
黏土	45°	35°	15°	<0.001~0.005
壤土	50°	40°	30°	
腐殖土	40°	35°	25°	

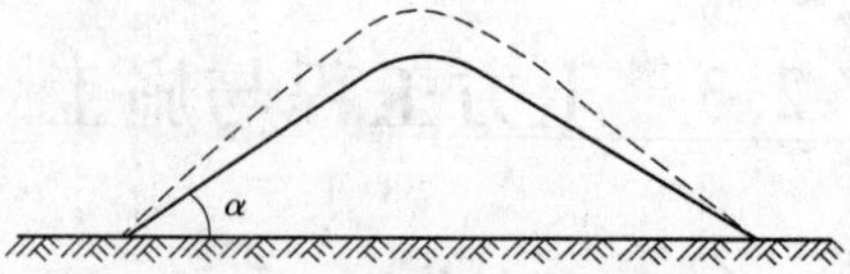

图 2-11　土壤自然倾斜角示意

土方工程不论是挖方或填方都要求有稳定的边坡。进行土方工程的设计或施工时,应该结合工程本身的要求,以及当地的具体条件,使挖方、填方或填方的坡度合乎技术规范的要求,如情况在规范之外,必须进行实地测试来决定。

在高填或深挖时,应考虑土壤各层分布的土壤性质以及同一土层中土壤所受压力的变化,根据其压力变化采取相应的边坡坡度,例如填筑 1 座高 12 m 的山(土壤质地相同),因考虑到各层土壤所承受的压力不同,可按其高度分层确定边坡坡度(见图 2-12)。

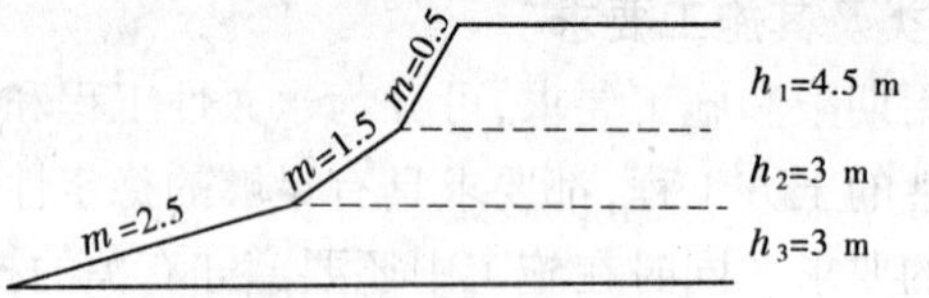

图 2-12　填方的分层边坡

3)土壤含水量

土壤的含水量是指土壤孔隙中的水重和土壤颗粒重的比值。

土壤含水量在 5% 以内称干土,在 30% 以内称潮土,大于 30% 称湿土。土壤含水量的多少,对土方施工的难易也有直接的影响。土方含水量过小,土质过于坚实,不易挖掘;土壤含水量过大,土壤易泥泞,也不利施工,无论用人力还是机械施工,工效均降低。以黏土为例,含水量在 30% 以内最易挖掘。

4)土壤的可松性

可松性是指土壤经挖掘后,其原有紧密结构遭到破坏,土体松散而使体积增加,这一性质对土方工程的挖土量和填土量的计算以及运输等都有很大关系。

2.3.2　土方施工作业

土方工程施工包括挖、运、填、压四个内容,其施工方法可采用人力施工,也可用机械化或半机械化施工。这要根据场地条件、工程量和当地施工条件决定。在规模较大,土方较集中的工程中,采用机械化施工较经济;但对工程量不大,施工点较分散的工程或因受场地限制,不便采用机械施工的地段,应该用人力或半机械化施工。

2.3.2.1　土方的挖掘

1)人力施工

人力施工工具主要是锹、镐等,人力施工不但要组织好劳动力,而且要注意安全和保证工程质量。

(1)施工者要有足够的工作面,一般平均每人应有 4 ~6 m^2。

(2)开挖土方附近不得有重物及易坍落物。

(3)在挖土过程中,随时注意观察土质情况,要有合理的边坡。必须垂直下挖者,松软土不得超过 0.7 m,中等密度者不超过 1.25 m,坚硬土不超过 2 m。

(4)挖方工人不得在土壁下向里挖土,以防坍塌。

(5)在坡上或坡顶施工者,要注意坡下情况,不得向坡下滚落重物。

(6)施工过程中注意保护基桩、龙门板和标高桩等。

2)机械施工

机械施工主要施工机械为推土机和挖土机等。在园林施工中推土机应用较广泛,例如在挖掘水体时,以推土机推挖,将土推至水体四周,再运走或堆置地形。最后岸坡用人工修整。

用推土机挖湖堆山,效率较高,但应注意以下几个方面:

(1)推土机手应识图或了解施工对象的情况,在动工之前应向推土机手介绍拟施工地段的地形情况及设计地形的特点,最好结合模型,使之一目了然。

(2)注意保护表土。

(3)桩点和施工放线要明显,推土机施工进进退退,其活动范围较大,施工地面高低不平,加上进车或退车时司机视线存在某些死角,所以桩木和施工放线很容易受破坏。为了解决这个问题,可以从两方面着手。第一,加高桩木的高度,桩木上可做醒目标志,以引起施工人员的注意;第二,施工期间,施工人员应该经常到现场,随时随地用测量仪器检查桩点和放线情况,掌握全局,以免挖错或堆错位置。

2.3.2.2　土方的运输

一般竖向设计都力求土方就地平衡,以减少土方的搬运量。土方运输是较艰巨的工作,通常使用机械运输,人力运输一般都是短途的小搬运。在运输的过程中,运输路线的组织是一个重要环节,尽量做到路线清晰,卸土地点与卸土量明确。

2.3.2.3　土方的填筑

填方时必须根据填方地面的功能和用途,选择合适土质的土壤和施工方法。如作为建筑用地的填方区以要求将来的地基稳定为原则,而绿化地段的填方区土壤则应满足植物要求。

(1)大面积填方应分层填土,一般每层 30 ~ 50 cm,一次不要填太厚,最好填一层就筑实一层。为保持排水,应保证斜面有 3% 的坡度。

(2)在自然斜坡上填土时,为防止新填土方沿着坡面滑落,可先把斜坡挖成阶梯状,然后再填入土方,这样就增强了新填土方与斜坡的咬合性,以保证新填土方的稳定性(见图 2-13)。

图 2-13　斜坡填土法

(3)在填自然式山体时,应以设计的山头为中心,采用螺旋式分路上土法,运土顺循环道路上填,每经过全路一遍,便顺次将土卸在路两侧,空载的车(人)沿线路继续前行下山，车(人)不走回头路，不交叉穿行。这不仅合理组织了人工，而且使土方分层上升，土体较稳定，表面较自然(见图 2-14)。

图 2-14　土山的堆卸土路线

(4)在堆土做陡坡时，要用松散的土堆出陡坡是不容易的，需要采取特殊处理。可以用袋装土垒砌的办法，直接垒出陡坡，其坡度可以做到 200% 以上。土袋不必装得太满，装土 70% ~80% 即可，这样垒成陡坡更为稳定。袋子可选用麻袋、塑料编织袋或玻璃纤维布袋。袋装土陡坡的后面，要及时填土夯实，使两者结成整体以增强稳定性。陡坡垒成后，还需要湿土对坡面培土，掩盖土袋使整个土山浑为一体(见图 2-15(a))。坡面上还可栽种须根密集的灌木或培植山草，利用树根和草根将坡土紧固起来。

(5)土山的悬崖部分用泥土堆不起来，一般要用假山石或块石浆砌做成挡土石壁，然后在背面填土，石壁后要有一些长条形石条从石壁插入山体中，形成狗牙状，以加强山体与石壁的连接，增强石壁的稳定性。砌筑时，石壁砌筑 1.2 ~1.5 m，应停工几天，待水泥凝固硬化，并在石壁背面填土夯实之后，才能继续向上砌筑崖壁(见图 2-15(b))

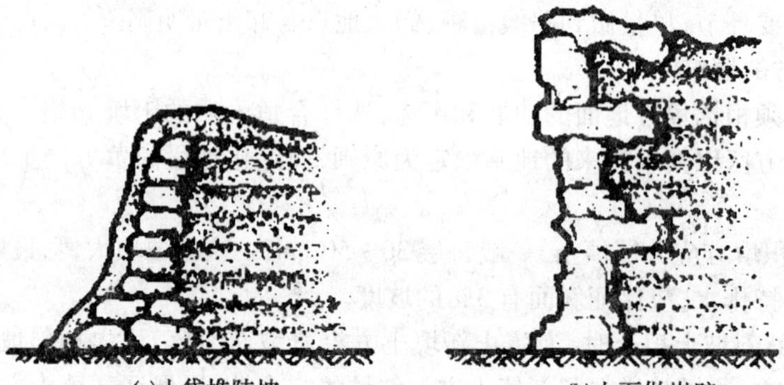

(a)土袋堆陡坡　(b)山石做崖壁

图 2-15　陡坡和悬崖的堆土结构

2.3.2.4　土方的压实

土方压实分为人力和机械两种。人力夯实可采用木夯、石硪、铁硪、滚筒、石碾等工具。一般 2 人或 4 人为一组。这种方式适用于面积较小的填方区。机械夯实所用机械为碾压机、电动震夯机、拖拉机带动的铁碾等。此方式适合于面积较大的填方区。

土方夯实应注意以下几点：

(1)为保证土壤相对稳定，压实要求均匀。

(2)填方时必须分层堆填，分层碾压夯实，否则会造成土方上紧下松。

(3)注意土壤含水量,过多过少都不利于夯实。

(4)自边缘向中心打夯,否则边缘土方外挤易引起坍落。

(5)打夯应先轻后重,先轻打一遍,使土中细粉受震落下,填满下层土粒间的空隙,然后再加重打压,夯实土壤。

土方工程,施工面较宽,工程量大,施工组织工作很重要,大规模的工程应根据施工力量和条件决定,工程可全面铺开也可以分区分期进行。

施工现场要有人指挥调度,各项工作要有专门人员负责,以确保工程按期按计划高质量地完成。

第3章 园林道路工程

园林道路(园路)是组织和引导游人观赏景物的驻足空间,与建筑、水体、山石、植物等造园要素一起组成丰富多彩的园林景观。它是园林不可缺少的构成要素,是园林的骨架、网络。它不仅引导人流,疏导交通,并且将园林绿地空间划分成了不同形状、不同大小、不同功能的一系列空间。因此,园路的规划直接影响到园林绿地各功能空间划分的合理与否,人流交通是否通畅,景观组织是否合理,对园林绿地整体规划的合理性起着举足轻重的作用。

3.1 园路的基本功能

园林道路是园林的组成部分,起着组织空间、引导游览、交通联系并提供散步休息场所的作用。它像脉络一样,把园林的各个景区景点联成整体。所以,除了具有与人行道路相同的交通功能外,还有许多特有的功能和性质。

3.1.1 划分园林空间

中国传统园林“道莫便于捷,而妙于迂”、“路径盘蹊”、“曲径通幽”等都道出了园林道路在有限的空间内忌直求曲,以曲为妙。“斗折蛇行”、“一步一换形”、“一曲一改观”,追求一种隽永含蓄、深邃空远的意境,目的在于增加园林的空间层次,使一幅幅画景不断地展现在游人面前。各景区、景点看似零散,实以园路为纽带,通过有意识的布局,有层次、有节奏地展开,使游人充分感受园林艺术之美。

3.1.2 引导游览

我国古典园林无论规模大小,都划分几个景区,设置若干景点,布置许多景物,然后用园路把它们联结起来,构成一座布局严谨,景象鲜明,富有节奏和韵律的园林空间。所以,园路的曲折是经过精心设计、合理安排的。优秀的路网系统能按设计意图、路线和角度把游人引导输送到各景区景点的最佳观赏位置,并利用花、树、山、石等造景素材来诱导、暗示,促使人们不断去发现和欣赏令人赞叹的园林景观。

3.1.3 丰富园林景观

园林中的道路是园林风景的组成部分,蜿蜒起伏的曲线、丰富的寓意、精美的图案都给人以美的享受,而且与四周的山水、建筑及植物等景观紧密结合,形成“因景设路”、“因路得景”的效果,而贯穿所有园内的景物。

3.2　园路的基本类型

3.2.1　依照园路的构造形式分类

依照园路的构造形式分类，园路可分为路堑型（见图3-1）、路堤型（见图3-2）、特殊型（包括步石、汀步、磴道、攀梯等）（见图3-3）等三种形式。

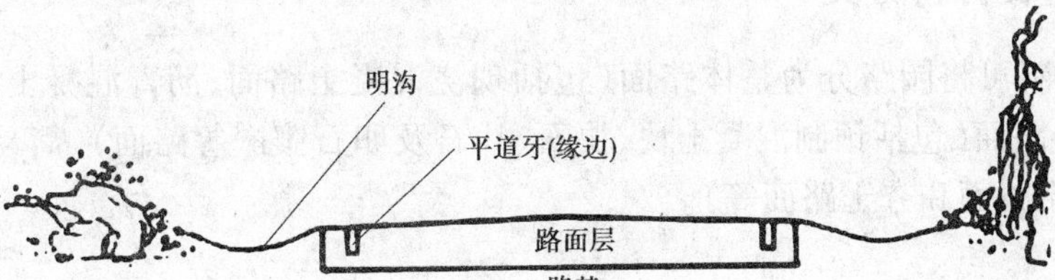

图3-1　路堑型

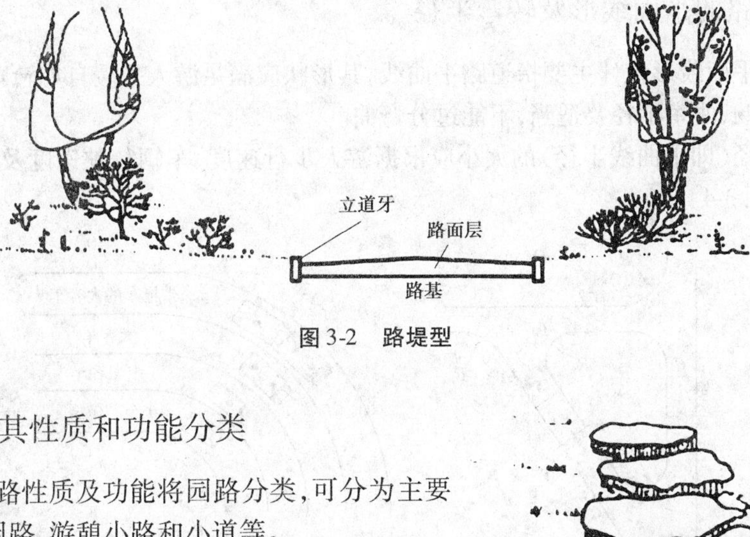

图3-2　路堤型

3.2.2　按其性质和功能分类

如按园路性质及功能将园路分类，可分为主要园路、次要园路、游憩小路和小道等。

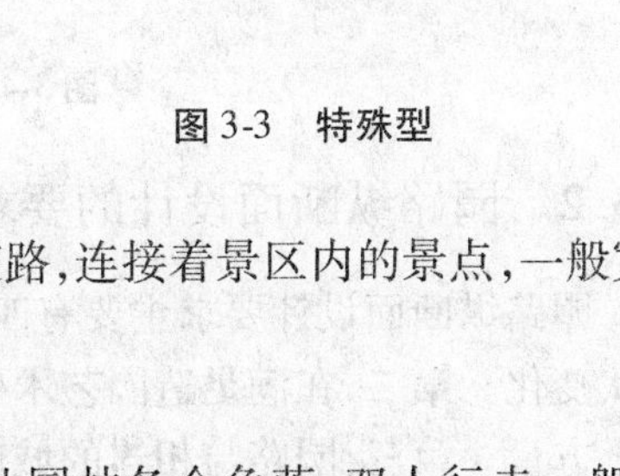

图3-3　特殊型

3.2.2.1　主要园路

主要园路指从园林入口通向全园各景区中心、各主要建筑、主要景点、主要广场的道路，路宽一般为4～6 m。必要时可通行少量管理用车，道路两旁应充分绿化。

3.2.2.2　次要园路

次要园路主要分散在各景区，是主要园路的辅助道路，连接着景区内的景点，一般宽为2.5～3.5 m。

3.2.2.3　游憩小路

游憩小路主要供散步休息，引导游人更深入地到达园林各个角落，双人行走一般为

1.2 ~ 1.5 m,单人行走一般为 0.6 ~ 1 m,多于山上、水边、疏林中,曲折自由布置。

3.2.2.4 小道

根据游赏功能的要求,还有很多其他类型的道路,如步石、汀步、休息岛、礓礤、踏级、磴道、台阶等。台阶是一种特殊的道路形式,一般当道路坡度达到 15°时,需考虑设台阶。步石是一种非连续的道路形式,一般设置在草坪上,也可设置在水面上,设置于水面即称为汀步。

3.2.3 按铺装材料分类

按铺装材料可将园路分为整体路面(包括现浇混凝土路面、沥青混凝土路面和三合土路面)、块料路面(包括预制混凝土块、块石、片石及卵石镶嵌等路面)、简易路面(包括煤渣路面、沙石路面和夯土路面等)。

3.3 园路线形设计

3.3.1 园路的平面线形及转弯半径

园路的平面线形设计主要指道路平曲线,其形状应满足游人平缓自如转弯的习惯,弯道曲线要流畅,曲率半径要适当,不能过分弯曲。

转弯半径(即平曲线半径)的大小应根据游人步行速度、车辆行驶速度及其车类型号来确定(见图 3-4)。

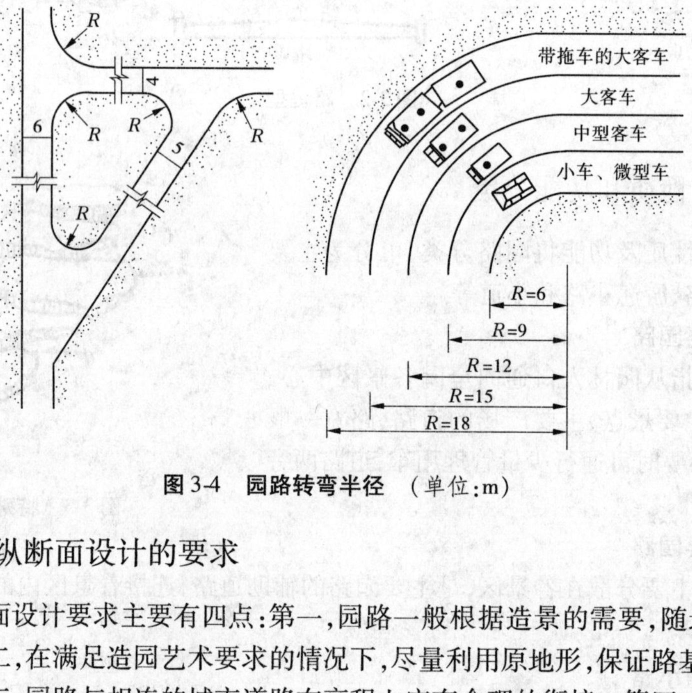

图 3-4　园路转弯半径　(单位:m)

3.3.2 园路纵断面设计的要求

园路纵断面设计要求主要有四点:第一,园路一般根据造景的需要,随地形的变化而起伏变化。第二,在满足造园艺术要求的情况下,尽量利用原地形,保证路基的稳定,并减少土方量。第三,园路与相连的城市道路在高程上应有合理的衔接。第四,园路应配合组织园内地面排水,并与各种地下管线密切配合,共同达到经济合理的要求。

3.3.3　园路的纵坡度要求

道路纵向坡度的大小,对游览活动影响较大。在一般情况下,保持一定的园路纵坡,有利于路面排水和丰富路景。因此,应保证园路最小纵坡不小于 0.3% ~0.5%。

通车的园路纵断面的最大坡度为 8% 以内;供自行车骑行的园路最大坡度为 2.5% 以内;不通车的人行游览道最大坡度为 12% 以内,若坡度在 12% 以上,就必须设计为梯级道路。

3.3.4　残疾人使用的园路设计要求

对于残疾人使用的道路,路面宽度不宜小于 1.2 m,回车路段路面不宜小于 2.5 m。道路纵坡一般不宜超过 4%,且坡长不宜过长,每逢转弯处,应设不小于 1.8 m 的休息平台。在适当距离应设水平路段,不应有阶梯,并应尽可能减少横坡。

园路一侧为陡坡时,为防止轮椅从边侧滑落,应设高 10 cm 以上的挡石,并设扶手栏杆。排水沟箅子等,不得突出路面,并注意其空隙不得卡住轮椅的车轮和盲人的拐杖。

3.4　园路结构

从构造上看,园路是由上部的路面和下部的路基两大部分组成的(见图 3-5)。

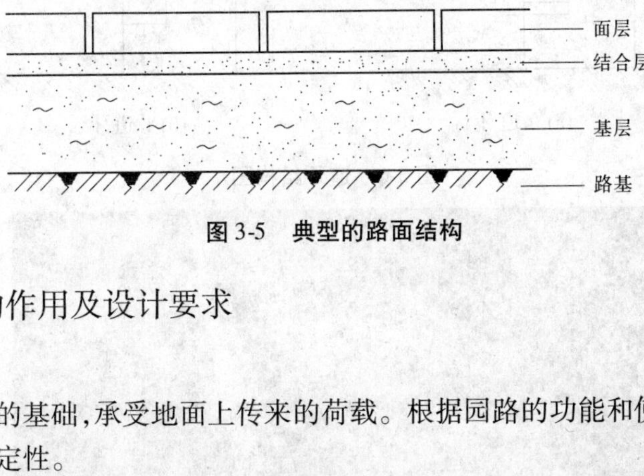

图 3-5　典型的路面结构

3.4.1　各层的作用及设计要求

3.4.1.1　路基

路基是道路的基础,承受地面上传来的荷载。根据园路的功能和使用要求,路基应有足够的强度和稳定性。

一般黏土或沙性土经夯实后可以直接做路基,对于未压实的下层填土,经过雨季被水浸润后能使其自身沉陷稳定,其容重为 180 g/cm^3 可以用于路基。在严寒地区,严重的过湿冻胀土或湿软呈橡皮状土,宜采用 1∶9或 2∶8灰土加固路基,其厚度一般为 15 cm。

3.4.1.2　垫层

当路基排水不畅、易受潮受冻情况下,园路需增设垫层,以便有利于排水,防止冻胀,稳定路面。一般可采用煤渣土、石灰土、沙砾等,铺设厚度 8 ~ 15 cm。当选用的材料兼具垫层和基层作用时,可合二为一,不再单独设垫层。

3.4.1.3　基层

基层位于路基和垫层之上，承受由面层传来的荷载，并将荷载传给路基。基层是保证路面的力学强度和结构稳定性的主要层次，应选用水稳定性好，具有较大强度的材料。如碎石、砾石、工业废渣、石灰土等，其厚度可在 6 ~ 15 cm。

3.4.1.4　结合层

在采用块料铺砌作面层时，需在基层和面层之间设置结合层，以使面层和基层紧密结合。其材料一般选用 3 ~ 5 cm 厚的粗砂、1∶3石灰砂浆或水泥石灰混合砂浆。

3.4.1.5　面层

面层位于路面结构最上面的层次。面层设计要求采用坚固、平稳、耐磨损的材料，可选用的材料很多，如磨光花岗岩、大理石、釉面墙地砖、水磨石、豆石嵌花等，要按照具体设计而定。

3.4.1.6　附属工程

1）道牙

一般分为立道牙和平道牙两种形式（见图 3-6）。道牙主要作用是使路面与路肩在高程上起衔接作用，同时保护路面，便于排水。一般用砖或混凝土制作，也可用石材凿打整形为长条形做成（见图 3-7）。

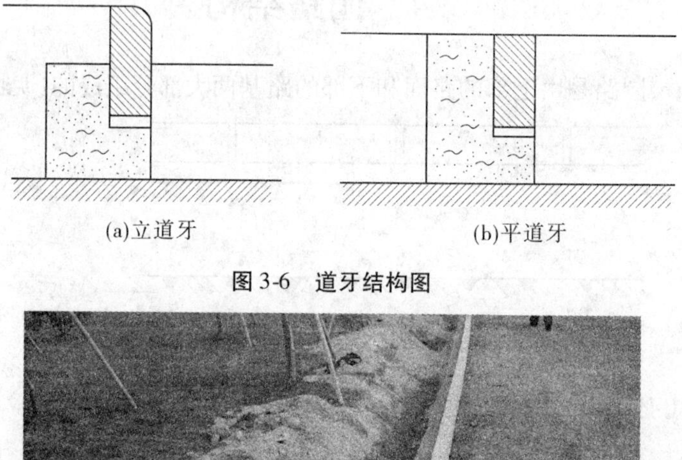

(a)立道牙　　(b)平道牙

图 3-6　道牙结构图

图 3-7　道牙

2）明沟和雨水井

明沟和雨水井的主要作用是收集路面雨水，通常为砖块砌成（见图 3-8、图 3-9）。

图 3-8　排水明沟

图 3-9　雨水井

3）台阶、礓礤、蹬道

当路面坡度超过 12°时，为了便于行走，在不通行车辆时，可设台阶（见图 3-10）。台阶的宽度与路面相同，每级台阶的高度为 12 ~ 17 cm，宽度为 30 ~ 38 cm。台阶的形式较多，可以用天然山石、预制混凝土做成木纹板、树桩等各种形式。

在坡度较大的地段上，为了通行车辆，不作台阶，而作成锯齿形坡道，称为礓礤（见图 3-11）。

在地形陡峭的地段，为了与自然山水园林相协调，梯级道路采用顶面平整的自然山石，依山随势地砌成山石蹬道（见图 3-12）。

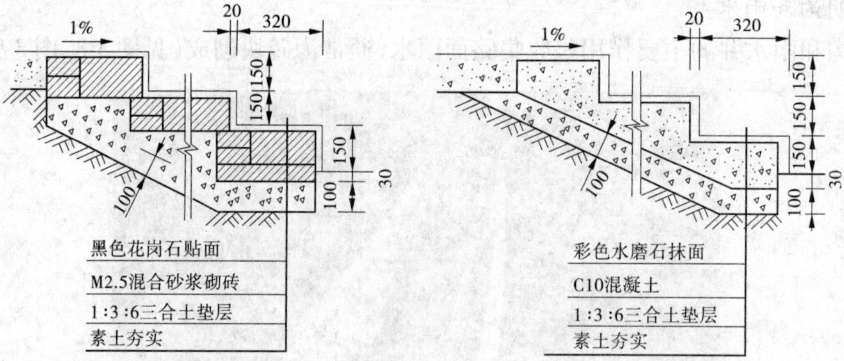

(a)砖踏步构造示例　(b)混凝土踏步做法示例

图 3-10　台阶结构图

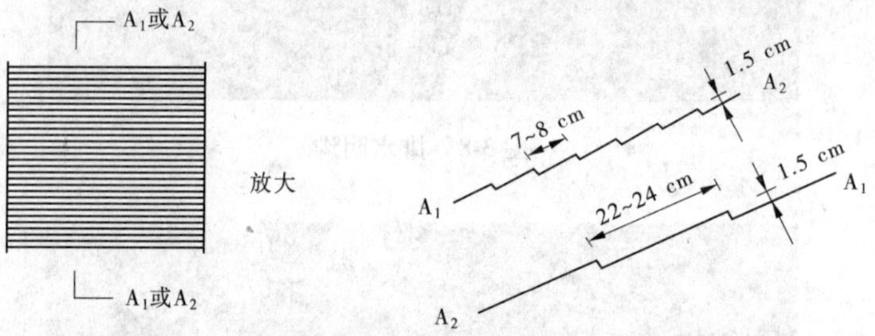

图 3-11　礓礤

3.4.2　园路的常见“病害”及其原因

3.4.2.1　裂缝与凹陷

裂缝与凹陷是基土过于湿软或基层厚度不够，强度不足，在路面荷载超过土基的承载力时造成的。

3.4.2.2　啃边

路肩和道牙直接支撑路面，使之横向保持稳定。因此，路肩与其基土必须要紧密结合，并有一定的坡度，否则由于雨水的侵蚀和车辆行驶对路面边缘的啃蚀作用，使之损坏，并从边缘起向中心发展，这种破坏现象叫啃边。

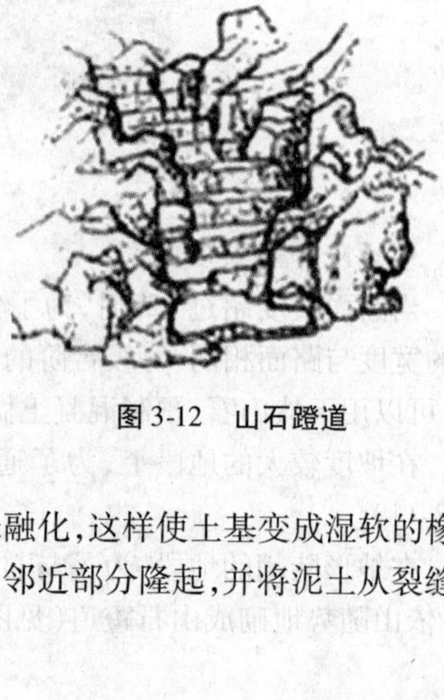

图 3-12　山石蹬道

3.4.2.3　翻浆

在季节性冰冻地区，地下水位高，特别是对于粉砂性土基，由于毛细管的作用，水分上升到路面下，冬季气温下降，水分在路面下形成冰粒，体积增大，路面就会出现隆起现象。到春季上层冻土融化，而下层尚未融化，这样使土基变成湿软的橡皮状，路面承载力下降。这时如果车辆通过时，路面下陷，邻近部分隆起，并将泥土从裂缝中挤出来，使路面破坏，这种现象叫翻浆。

3.5　园路工程施工技术

3.5.1　施工流程

一般施工流程为施工准备→测量放线→路基、路垫施工→路面施工。

3.5.2　施工方法

定桩放线应根据设计的路面中线，每隔 20 m 留一中心桩。道路曲线应在曲线起点、中点和终点各设一中心桩，并写明桩号后以中心桩为准，按路面宽度定下边桩，最后放出路面平曲线。各中心桩应标明路面标高。

开挖路槽应按设计路面宽度，每侧加 20 cm 开槽，槽底应夯实或碾压，不能有翻浆、弹簧现象。槽底平整度的误差，不得大于 2 cm。

铺筑基层，应按设计备好铺装材料，虚铺厚度大于实铺厚度，碾压夯实后，表面应坚实平整。铺垫基层厚度、平整度、中线高程均合乎设计要求。

铺筑结合层用 1∶3白灰砂浆，厚度 25 cm，或采用粗砂垫层，厚度 30 cm。

道牙基础应与路槽同时填挖碾压，结合层用 1∶3白灰砂浆铺砌，道牙接口用 1∶3水泥砂浆勾缝，凹缝深 5 mm，道牙背后再用 12% 灰土夯实。

面层铺设，用 1∶3水泥砂浆垫在地面基层上作结合层，然后在其上砌广场砖。砌块之间的结合及表面抹缝，也用相同砂浆。

3.5.3　面层铺设工艺

园路铺装在园林工程中非常重要，在现代园林中有很多的铺装材料，相应地采用的施工方法和施工工艺也是不尽相同的，原则是从实践中来，到实践中去。设计依靠施工，施工依靠实践。

3.5.3.1　混凝土铺地过程（见图 3-13 ~ 图 3-16）

（1）支模板：在浇筑区外围打上模板，用钉子钉牢，注意模板的上表面平整，而且要保证它们之间没有缝隙，以免混凝土漏出。

（2）打垫层：在浇筑区域内铺一层碎砖石，并夯实，形成坚实的基础，这样做的目的主要是使混凝土与碎砖层紧密结合，不会在砖缝之间流失。

（3）浇筑：在场地的一端开始浇筑混凝土，一层层的加厚，将表面大致抹平即可。如果感觉混凝土过干，铺起来特别费事，可以在其中加些水，这样会容易些。

（4）刮平：其目的是驱逐气泡最终找平。

（5）修整：在刮平的过程中，铺设表面会出现坑坑洼洼，这时需要用少量的混凝土填补，再抹平。

（6）后期处理：为提高装饰效果，防止铺面过滑，在混凝土凝固之前，用硬毛刷刷扫铺面产生粗糙感，或根据设计需要制作出各式水泥压花路面。

如果是车行路面混凝土厚度最少 100 mm，应该用平板震动器振压两遍才行，然后才是整平和制作图案。

图3-13　支模板

图3-14　面层处理

图3-15　机械处理

图3-16　伸缩缝处理

3.5.3.2　鹅卵石、粒石铺地(见图3-17～图3-19)

鹅卵石、粒石铺地,因其材料品种、规格、表面质量等性能选择性大,整体性好,镶嵌图案、形状多种多样,可充分体现设计者的个性,饰面效果自然,是目前采用较多的环境工程面层设计。

图3-17　铺水泥砂浆

图3-18　铺卵石

图3-19　扫浆、清理

1)施工准备

(1)材料:按设计要求的色样、颗粒规格、表面光泽度材料,依据施工进度要求组织材料进场,严格按样板验收。

(2)工具、机具:水平尺、方尺、墨斗、喷水壶、刮尺、尼龙线、木抹子、靠尺、灰桶等。

(3)劳动力:根据施工任务、工期要求,合理安排劳动力,技术工人合理搭配。

(4)作业条件:场地地面混凝土施工完毕,养护充足,平整度验收合格。地面管线已铺设,沟槽、洞口已处理。

2)施工工艺

施工工艺一般为基层清理→冲筋→铺水泥砂浆→镶嵌鹅卵石→扫浆→清理。

3)操作要点

(1)基层清理:基层清扫干净,用水洗刷。确认施工范围内的基层以下分项工程已施工完毕,验收合格或有可靠预留。

(2)测量、放线:将确定鹅卵石镶嵌方案,测放到基层表面,弹好控制墨线,经甲方、监理认可后进行施工。

(3)设标筋:设好地面水平标高控制线,沿平台每隔2~3 m做好标筋。

(4)铺水泥砂浆:水泥砂浆用1:2.5,按设计要求铺设厚度30 mm,铺好后用刮尺压实括平,用铁抹子搓平压实提浆。

(5)镶嵌鹅卵石:先将鹅卵石按设计要求的品种、规格、色样配比拌和均匀,用清水将鹅卵石表面的灰尘、泥土等杂质冲洗干净,晾干备用。镶嵌时应从场地一方往另一方顺序铺贴,鹅卵石镶嵌面、朝向严格按设计要求。操作时使鹅卵石陷入水泥砂浆约2/3为宜。栽好鹅卵石,用木抹子轻拍鹅卵石表面,使其均匀下陷,表面平整。

(6)扫浆、清理:鹅卵石镶嵌完后应立即安排扫浆,扫浆材料用纯水泥拌107胶水泥浆,为增加水泥浆纯度,可适当加点颜料。操作前,先将饰面表面的浮浆等清理干净。操作时,在大面积鹅卵石饰面上扫上一道纯水泥浆,待水泥浆干透时,用棉布蘸稀盐酸将鹅卵石表面的浮浆擦干净。

4)质量要求

鹅卵石品种、规格、色样需符合设计要求。饰面色泽均匀,颗粒间隔合理,镶嵌面、朝向符合设计要求,鹅卵石表面平整,鹅卵石镶嵌牢靠,无掉粒现象。鹅卵石与基层浆体相接平顺,无凹陷、起拱现象,基层浆体表面平整,色泽光亮统一,无起拱、反砂现象。

3.5.3.3 花岗岩(大理石)铺装(见图3-20)

图3-20　铺贴花岗岩

花岗岩(大理石)种类多,表面材质要求高,有自然面、毛面、光面、火烧面、拉丝面等,规格复杂,有规则形状和不规则形状。

1)施工准备

花岗岩(大理石)装饰施工前应做好下列准备工作。

(1)材料:按设计要求的品种、规格、色样预先订货,运至现场的板材应逐箱取样,用"品"字法检查方正度,量出尺寸,校核合格后方可进场。

(2)机具准备:常用机具有切割机、磨石机、钢卷尺、水平尺、方尺、墨斗、尼龙线、靠尺、橡皮锤、木抹子、铁抹子、喷水壶、擦布、棉纱、合金扁凿等。

(3)施工条件:基层已验收、移交合格;沟槽、暗管等已安装并验收合格;预留洞、口位置准确,设置合理,预埋件埋设到位。

2)操作工艺

(1)饰面板选材:根据工程具体设计要求,选取其规格、品种、颜色、纹理、外观质量一致的板材。

(2)翻样预排,饰面板编号:上述选饰面板完毕后,按地面装饰施工大样图排列编号,并在建筑场地上进行翻样、试拼、校正尺寸、四角套方。

(3)混凝土基层表面处理:将表面的灰尘、污垢、油渍、垃圾等清理干净,洒水湿润。

(4)检查混凝土基层的坡度及表面平整度:上述工序完成后,应按规范要求检查混凝土基层的标高、坡度及表面平整度。

(5)铺贴:采用1:3干硬水泥砂浆铺贴饰面板,干硬水泥的厚度应符合设计要求。

(6)清理,勾缝:每片饰面板贴完后,调平、调直、补强后,应将表面擦净。全部饰面板贴完经检查合格后,按设计要求进行嵌缝、勾缝。

(7)注意:面层要用橡皮锤敲打,压实。注意找平。花岗岩可以不留缝,但最后要用粗砂扫缝。

3.5.3.4 砖铺装

1)施工准备

(1)材料:根据设计要求的规格、色样定购面砖,依据施工进度要求组织材料进场。

(2)工具、机具:水平尺、方尺、墨斗、喷水壶、刮尺、尼龙线、木抹子、靠尺、灰桶、切割机、木锤或橡皮锤等。

(3)作业条件:场地地面混凝土施工完毕,养护充足,平整度验收合格;地面管线已铺设,沟槽、洞口已处理。

2)施工顺序

施工顺序一般为基层清理→标筋→铺细砂→铺砖、扫缝→清理。

3)工艺操作

(1)基层清理:基层清扫干净,用水洗刷。确认施工范围内的基层以下分项工程已施工完毕,验收合格或有可靠预留。

(2)检查混凝土基层的坡度及表面平整度:上述工序完成后,应按规范要求检查混凝土基层的标高、坡度及表面平整度。

(3)测量、放线:将确定的铺贴方案测放到基层表面,弹好纵横墨线,经甲方、监理认可后进行施工。

(4)设标筋:设好地面水平标高控制线,沿平台每隔2~3 m做好标筋。标筋表面就是地面水平标高控制线。

(5)铺贴:采用1:3干硬水泥砂浆铺贴地砖,铺砖时应从场地一方往另一方顺序铺贴,组砌顺序严格按设计要求。操作时,铺好彩色烧结砖,用木锤或橡皮锤轻敲,使砖块陷入砂浆3~5 mm为宜,干硬水泥砂浆的厚度应符合设计要求。

(6)清理、勾缝:每片地砖贴完后,调平、调直、补强后,应将表面擦净。全部地砖贴完经检查合格后,用刮尺进行嵌缝、勾缝。

(7)注意:在摆砖的时候注意对缝。

3.5.3.5 木板铺装

1)木平台铺装施工程序

木平台铺装施工程序一般为:施工准备→基层浇筑→木龙骨固定→木板条铺装→防水漆→成品保护。

2)施工准备

(1)按设计要求订购成品木材,木材应分批抽样验收,保证规格、尺寸符合要求,干燥、不挠曲,经厂家严格防腐处理。

(2)施工机具:钢卷尺、墨斗、方尺、割角尺、单线刨、手电钻、电刨、压刨、手锯、油漆刷、锤子、凿子等。

3)基层浇筑

基层为混凝土,必须做到:

(1)严格按设计要求配合比拌制,打夯密实,表面平整。

(2)混凝土采用商品混凝土,浇捣密实,表面原浆压光,表面标高、排水坡度符合设计要求。

(3)按设计要求做好排水暗沟,确定排水方向,保证排水坡度。

4)木龙骨固定

木龙骨固定之前必须确定木板条铺钉方案,固定方法为:

(1)按已定方案,确定木龙骨的设置方向、数量,木龙骨间距,在基层上弹出木龙骨的设置线。

(2)根据木地板板面的设计标高,设置木龙骨面的控制标高点,可用钢筋头或灰墩设置,注意排水坡度,纵、横两个方向均要控制。

(3)用膨胀螺栓将连接件角钢固定在混凝土地面上,保证连接件能可靠固定木龙骨,角钢必须漆二道防锈漆。

(4)木龙骨用木螺丝固定在角钢上,固定必须牢靠,标高控制准确。

(5)木龙骨固定好之后,应大面积检查一遍,特别注意控制标高有无偏差。

5)木地板铺装

检查无误后可开始木地板铺钉,铺钉方向可从中间往两边铺钉,保证缝宽 5 mm,铺钉时沿铺钉方向每铺五块木板条,应校核铺钉宽度是否准确,缝宽是否一致,表面是否平整。

6)刷防水漆

整体铺钉完毕,初步验收合格,刷防水漆二道。

7)成品保护

木地板铺装完毕,应派专人看护,未验收移交前,不得随意在上面踏踩,更不能作为施工场地在上面作业。

3.6 园路工程技术要求

园路建设应体现功能、景观要素,使其在引导交通的同时具有观赏价值。

园路线形应流畅、优美、舒展。断面形式、尺度、路面材料的质感、色泽等应与周边环境协调。

在建造园路时,应切实保护原有树木和植被,对确需破坏的植被和树木应得到有关部门的批准。

园路路径布局合理,弯曲道路应采取适当措施,避免游人走捷径损坏绿化。人行道路与机动车道交接部位应设置路障防止机动车破坏人行园路。

园路路形及道路宽度、转弯半径等应合理、适用。园路建设时应考虑园灯、坐椅、排水等要素,园路尽量采用自然排水或明沟排水。明边沟应按设计要求施工,可采用混凝土、块石、石板、软石等材料砌筑,明边沟底不得低于附近高水位。

园路纵横坡应符合设计要求,主干道应设置无障碍通道。设计无要求时横坡 2% ~ 3%,主路纵坡宜小于 8%,支路和小路纵坡宜小于 18%。横坡、纵坡超过 15% 的路段,路面应作防滑处理。

园路基层设计宜采用透水透气的砂、石等材料,除机动车行车道外尽量不采用混凝土基层。园路基层必须压实并符合设计要求。如遇软土地基，应进行补强处理。

园路路面应耐磨、平整、防滑、适用、美观。除起装饰、点缀作用的线条等部位，不应使用光滑面层。面层材料宜选用当地材料，充分体现自然特色，面层图案应丰富多样，避免单调乏味。

路缘石安装其色泽、尺寸等应与路面协调并符合设计要求，无缘石路面应做好周围土体保护，防止水土流失、污染路面。

园路工程、地坪等应在主体工程、地下管线工程完工后，方可进行施工。

园路交叉口及二种不同路面材料衔接点的放样，面层铺设以主路优先，次路服从主路为原则，应注意标高和坡向，防止积水。园路放样时，应尽量利用自然地形，减少踏步，减少土方挖填。

园路铺设时结合层应密实、牢固。如发现结合层不平，应取出路面材料，以结合材料重新找平，严禁用砖、石材料临空填、塞。

排水管道及各类检查井应按设计要求施工。井盖顶标高应与路面持平。

园路尽量不设置踏步，确需设置踏步时不应少于两步并符合以下要求：

第一，踏步宽一般为 30 ~ 60 cm，高度以 10 ~ 15 cm 为宜，特殊地段高度不得大于 25 cm。

第二，踏步面应有 1% ~2% 的向下坡度，以防积水和冬季结冰。

第三，踏步铺设要求底层塞实、稳固、周边平直，棱角完整，接缝在 5 mm 以下，缝隙用石屑扫实。石料的强度、色泽、加工精度，应符合设计要求。

第四，踏步的邻接部位，其叠压尺寸应不少于 15 mm。

3.7　园路面层有关检验标准

3.7.1　园林中园路铺装工程质量标准

3.7.1.1　板块面层的表面质量的规定

合格：色泽均匀，板块无裂缝、掉角和缺楞等缺陷。

优良：表面洁净，图案清晰，色泽一致，接缝均匀，周边顺直，板块无裂纹、掉角和缺楞等缺陷。

3.7.1.2　地漏及泛水的规定

合格：坡度满足排水要求，不倒泛水无渗漏。

优良：坡向符合设计要求，不倒泛水，无积水，与地漏结合处严密牢固，无渗漏。

3.7.1.3　踢脚线铺设的规定

合格：接缝平整，结合基本牢固。出墙厚度适宜。

优良：表面洁净，接缝平整均匀，高度一致。结合牢固，出墙厚度适宜。

3.7.1.4　踏步、台阶铺贴的规定

合格：缝隙宽度基本一致，相邻两步高差不超过 15 mm。防滑条顺直。

优良：缝隙宽度一致，相邻两步高差不超过 10 mm，防滑条顺直。

3.7.1.5　镶边的规定

合格：面层邻接处镶边用料及尺寸符合设计要求和施工规范规定。

优良：在合格的基础上，边角整齐、光滑。

3.7.2　各类路面的具体质量要求

3.7.2.1　混凝土路面工程质量要求

混凝土面层不得有裂缝，并不得有石子外露和浮浆、脱皮、印痕、积水等现象；道路伸缩缝必须垂直，缝内不得有杂物，伸缩必须全部贯通；路面切缝直线段线直，曲线段应弯顺，不得有夹缝，灌缝不漏缝。

3.7.2.2　路缘石安装工程质量要求

路缘石应边角齐全、外形完好、表面平整，可视面宜有倒角。除斜面、圆弧面、边削角面构成的角之外，其他所有角宜为直角。缘石面层（料）厚度，包括倒角的表面任何一部位的厚度，应不小于4 mm。

路缘石必须稳固，并应线直、弯顺、无折角，顶面应平整无错牙，缘石不得阻水。路缘石背后回填必须密实。

3.7.2.3　广场砖和大理石（花岗岩）板铺装工程质量要求

铺砌必须平整稳定，灌缝应饱满，不得有翘动现象，面层与其他构筑物应接顺，不得有积水现象；大小方砖表面平整，不得有蜂窝、脱皮、裂缝，色彩均匀、棱角整齐。

3.7.2.4　卵石栽装工程

卵石的规格、颜色应符合设计要求；铺装基层应牢固并清扫干净；卵石黏结层的水泥砂浆或混凝土标号应满足设计要求；卵石栽培大头朝下，埋深不小于2/3；卵石顶面应平整一致（用木枋拍平）；栽装成形的卵石及时用抹布擦干净，保持外露部分的卵石干净、美观、整洁；栽装养护后的卵石面层必须牢固。

第 4 章　山石水景工程

掇山、理水是中国自然山水园的主要造景手法。山石在园林中，或展示个体的形态美，或展示群体的组合美，或展示掇叠艺术之美，自古以来就是造园不可缺少的一种工程要素。在园林中，用有限的山石或山石状的其他材料，艺术性地再造真山、奇石的景观，我们把这种创作过程称为山石景观工程。山石景观是中国园林艺术景观的一大特色，对形成中国园林的民族风格有重要的作用。

山石景观包括假山景观、自然石景观、石作景观和石玩景观四部分内容。假山景观，即通常说的假山造景，是指园林中以造景为目的，用土、石等材料构筑的山；自然石景观是指山石不加堆叠，零星布置形成的景观，即置石，主要表现自然裸岩的自然美；石作景观指经艺术雕刻或建筑砌石形成的具有一定工艺美的山石作品；石玩景观指选择天然形成的具有奇异造型和纹理的山石，加以艺术布局和修饰而形成的山石景观。几种景观的共同之处是自然山石材料，或自然山石造型即山石的自然美。现主要介绍堆砌假山、置石和塑石假山三种当前园林景观工程中常用的形式。

水景工程是城市园林与水景相关的工程总称，而水体又是园林的四大要素（地形、植物、建筑及构筑物、水体）之一。理水原指中国传统园林的水景处理，今泛指各类园林中水景处理。在中国传统的自然山水园中，水和山同样重要，以各种不同的水型，配合山石、花木和园林建筑来组景，是中国造园的传统手法，也是园林工程的重要组成部分。水是流动的、不定形的，与山的稳重、固定恰成鲜明对比。水中的天光云影和周围景物的倒影，水中的碧波游鱼、荷花睡莲等，使园景生动活泼，所以有“山得水而活，水得山而媚”之说。

4.1　园林假山工程概述

彭一刚在《中国古典园林分析》中阐述：“园林中的山石是对自然山石的艺术摹写，为此，又常称之为‘假山’，它不仅师法于自然，而且还凝聚着造园家的艺术创造。”

4.1.1　假山

假山是以造景游览为主要目的，以土、石等为材料，以自然山水为蓝本并加以艺术地提炼和夸张，用人工再造的山水景物的统称。

按构成材料的不同分四种，即土假山、石假山、石土混合假山和塑山。

4.1.1.1　土假山

土假山是用土堆砌而成的。此种类型的假山造型比较平缓，可形成土丘与丘陵，占地面积较大，多用于平地外沿作为景色转折点，或用做障景、隔景、以丰富园林景观效果。堆筑土丘和丘陵的工程比较简单，土山工程投资较少，对改变园林风景面貌起一定作用。由于受土壤稳定性的限制，小面积土山不会造成较高山势，更不易形成峰峦谷洞景观。北京圆明园四十景,也正是利用土丘使不同主题空间达到了巧妙的转折。

4.1.1.2 石假山

掇假山的材料全部或几乎全部为石。此类假山一般体型比较小,在设计与布局中,常常是用于庭院内、走廊旁,或依墙而建,作为楼层的阶梯,或下洞上亭,或下洞上台等,古代园林中几乎都有这种假山的存在。由于山石不易运输,所以石山多用当地所产自然山石堆叠而成。苏州园林中多湖石假山,如怡园南区假山,以湖石砌为石屏、磴道、花台等,上建有金粟、小沧浪二亭,下构石洞,景观自然优美,宛若天成。北京园林中多青石或房山石,如北海濠濮涧、圆明园流云山、恭王府中部庭园的石山等。石山营造不受坡度限制,可雄伟挺拔、玲珑剔透、悬崖峭壁、峰峦谷洞。

4.1.1.3 石土混合假山

即假山由土石共同组成。有石多土少和石少土多之分。石多土少的假山一般是表层部分为石,此种类型在江南园林中多见,假山四周全用石构筑,由于有山石的砌护,可有峭壁挺拔之势,在山石间留穴、嵌土、植奇松,可增添生机活力;有时,也可构洞做窟,便于减少山石量和增添游赏内容。如南京瞻园、扬州个园、上海豫园、苏州狮子林的假山等。石壁与洞用石构筑,山顶和山后填土或堆土,或是四周及山顶全部用石。土多石少的假山,主要是以土堆成的,土构成山体基本骨架,表面适当点石 ,其特征相似于土山。在我国现存的古典园林中,此种类型不多,特别是江南园林中甚少,而北方园林中较多见。一般占地面积较大,山林感较强。如苏州的沧浪亭与留园西部的假山,北京北海的琼岛,恭王府花园前区假山等。把土山和石山的优点有机地融为一体,造价较低,又可创造丰富的植物景观,故是现代园林比较提倡的。

4.1.1.4 塑山

我国岭南的园林中早有灰塑假山的工艺,后来又逐渐发展成为用水泥塑的景观石和假山,成为假山工程的一种专门工艺。塑山是用建筑构成材料来替代真山石,能减轻山石景物重量和随意造型。广州白云山公园有多处塑山之作。

4.1.2 假山的功能

明代文震亨有"石令人古,水令人远;园林水石,最无可无"之说。

4.1.2.1 大山作为园林的地形骨架和自然山水园的主景,提供景观展示平台

一些采用主景突出的布局方式的园林尤其重视这一点。或以山为主景,或以山石为驳岸的水池作主景。整个园子的地形骨架、起伏、曲折皆以此为基础来变化。

4.1.2.2 作为园林划分空间和组织空间的手段

划分空间的手段很多,利用山石划分空间具有自然和灵活的特点,体现出山水结合、相映成趣的特征,使空间更富于性格的变化。

4.1.2.3 运用山石小品作为点缀园林空间增加园林趣味性

园林中为了增加文化氛围,画龙点睛、借物明志等,借用山石作石雕、景观石柱、小品石、石玩,剑石,无心画等小品,山石的这种作用在我国南、北方各地园林中均有所见,尤以江南私家园林运用最广泛。

4.1.2.4　**砌石建造功能设施**

假山和置石可以因高就低,随势赋形,与园林中的建筑、园路、广场、植物、水体等因素组成各式各样的园景,使人工建筑物或构筑物通过山石的装饰,减少某些平板、生硬线条的缺陷,增加自然、生动的气氛,达到和自然环境协调的关系。在坡度较陡的土山坡地常散置山石以护坡。这些山石可以阻挡和分散地面径流,降低地面径流的流速从而减少水土流失。

4.1.2.5　**山石器设**

山石器设一般有用假山石做的桌、凳、床、栏、石灯笼、石臼、石磨等,见图4-1。

图4-1　石块做成的室外石桌椅、石几

4.1.3　置石

置石为山石不加堆叠,呈零星布置,形成可观赏的独立性、组合性或附属性的景致。主要表现山石的个体美或局部的组合美,不具备完整的山形,可以单独成景,也可以结合挡土、护坡、种植或器设而具有实用功能。置石构成形式简单,体现较深的意境,能达到"寸石生情"的艺术效果。如北京恭王府的"独乐峰"、颐和园东宫门内的对置石景、上海豫园的"玉玲珑"等。现存江南名石有苏州清代织造府(在今苏州第十中学)的瑞云峰、留园的"冠云峰"、上海豫园的"玉玲珑"(见图4-2)和杭州花圃中的"皱云峰"。

置石可分为特置、对置、散置和群置等。

4.1.3.1　**特置**

特置是指一块山石单独布置形成特别景致,也称孤置,有立、卧之分。竖立的姿态者即"立峰",如苏州的"冠云峰"、"瑞云峰"等;横卧者即"卧石",如北京颐和园的"青芝岫"、北京中山公园的"卧云"。其常用做园林入口的障景和对景以及漏窗或地穴的对景,或置于廊间、亭下、水边和园路转弯处,作为局部空间的构景中心。特置山石多为整块体量巨大,造型、质地或色彩特殊的石材,也可以小拼大形成具有较强整体性的结合体。

4.1.3.2　**对置**

对置是指在建筑物前两旁对称、规则布置形成的山石景观(见图4-3)。两石对称布

图 4-2　玉玲珑

置是真正意义上的对置。但在较大的建筑前或广场中,往往是以规则的行列式布置多块石景,即为“列置”。其作用同样是陪衬建筑,丰富景色。因此,“列置”也属于对置类型。

图 4-3　对置

4.1.3.3　**散置与群置**

散置指大小、形态不同的山石零星放置形成的景观,其实质为“攒三聚五”,自由散落的一组自然式石景,故又称散点。3~5 块石散置,一般称为“小散点”,或散置,见图 4-4;6~7块或更多时,占据空间也较大,称为“大散点”,也称“群置”。其常用于山坡上,或缓坡草地,或坡地广场的边沿。既减缓了雨水对地面的冲刷,又使土山增添奇特嶙峋之势,使人工空间与自然空间达到协调的过渡。

群置山石的密度比散置要大些。若干山石以较大的密度有聚有散地布置成一群,石群内各山石相互联系,相互呼应,关系协调。如北京北海琼华岛前山西侧用房山石作群置

图4-4　散置在水中

处理,北京颐和园后山桃花沟用青石作群置处理。

4.2　假山设计与布局

4.2.1　自然山体景观

4.2.1.1　自然山体的形象特征

雄:即雄伟,指山体高大和山坡陡峭所形成的气势。如“华山天下雄”来源于高大山体及其三面的悬崖峭壁。

奇:即奇特,指具有奇松、奇石、云海、山泉的景观。如“雁荡龙脉,匡庐瀑布,黄山石笋”被称为“天下三奇”。

险:即险峻,山脊高而窄形成的景观。如华山。

秀:即秀丽,指精巧葱绿,且多与水体结合。如桂林山水的奇秀,峨眉山之秀。

幽:即幽深,指景点视域狭窄,层次多,曲折通幽。如鸡公山大茶沟景观。

旷:即畅旷,指山体临宽阔水面或大草坪所构成的景观。如河南南湾水库诸山。

4.2.1.2　山水依存的自然景观

自然山水相互依存,山体的峰、岭、峦、顶、谷、岗、壁、坞、洞、磴道和栈道与水体的泉、瀑、潭、溪、涧、池、矶和汀石是相互依存的。山水宜结合一体,才相得益彰。

4.2.1.3　山的分区

山分为山阳与山阴(见图4-5),阴阳相背,大山的阴坡土壤湿润,植被丰富而密;阳坡土壤干燥,植被稀少而疏,即“阳疏阴密”。中小山体的阳面适宜居住和活动而喧闹,阴面以防护性植物为主而寂静,即"前喧后寂",在掇山时必须注意。

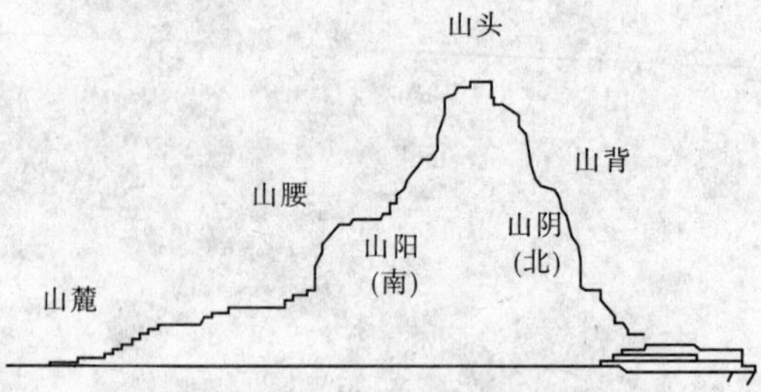

图 4-5　山的分区

4.2.1.4　山的组成单元

山体包括山麓、山腰、山肩、山头、山脊等,多姿多彩。

4.2.2　假山的设计与布局

4.2.2.1　山水依存,相得益彰

山水是自然景观的主要组成。"水得地而流,地得水而柔"、"山无水泉则不活"、"有水则灵"都是强调山水结合的观点。"山脉之通按其水境,水道之达理其山形"。还有喻山为骨路、水为血脉、建筑为眼睛、道路为经络、树木花草为毛发的说法,也是强调自然风景要素的综合性和整体性。假山艺术最根本的原则是"有真为假,做假成真"。假山布置应概括自然景观。

4.2.2.2　相地合宜,造山得体

即选择和结合环境条件确定山水的间架和山水形势,与环境相谐调。

造山得体还要遵循虚实画理。虚实画理在掇山方面表现为:四面环山,中有余地,则四山为实,中地为虚。重山之间必有层次,层次之间必有距离,则山体为实,距离为虚。一山之中有岗峦洞壑,则岗峦为实,洞壑为虚。以壁为纸,以石为绘,则有石处为实,无石处为虚。

4.2.2.3　巧于因借,混假于真

人为的假山力求不露人工的痕迹,令人真假难辨。与中国传统的山水画一脉相承的假山,贵在似真非真,虽假犹真,耐人寻味,见图 4-6。

图 4-6　巧妙借用周围环境的假山

4.2.2.4　**主次有别,相辅相成**

无论山体数量多少,只能有一个主山或主峰,其余的都是客山,主山或主峰在体量和造型以及位置上必须有统领的作用。所以,定主山、立主峰是首位,即先定主峰的位置和体量,再考虑如何搭配次峰和配峰,达到突出主体,次相辅弼的效果。

假山主次关系的处理,还可通过空间对比的手法来表示,疏则个体明显,容易突出;密则层次深远、景观丰富。有疏有密,除繁精简,弱次强主。

4.2.2.5　**三远变化,步移景异**

宋代画家郭熙《林泉高致》说:"山有三远。自山下而仰山巅谓之高远;自山前而窥山后谓之深远;自近山而望远山谓之平远。"高远,用前低后高,山头作之字形分局;深远,用两山并峙,犬牙交错来处理;平远,用平岗小阜,错位去观察的处理方法,见图4-7。

(a) 高远

(b) 深远

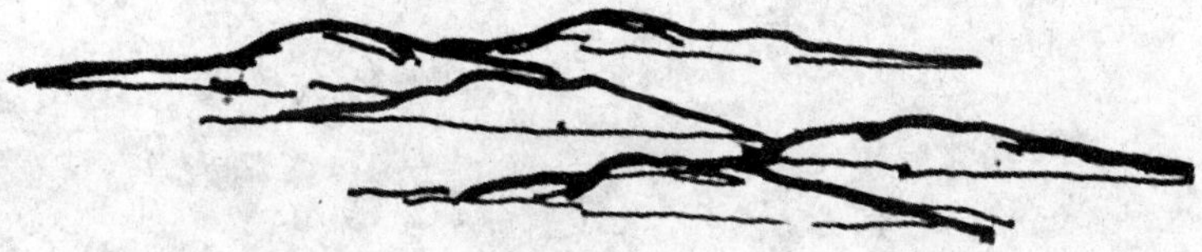

(c) 平远

图4-7　假山的"三远"关系

4.2.2.6　**远观山势,近看石质**

"山势"指山水的形势。亦即山水的轮廓、组合与所体现的动势和性格特征。石质指石头的性质,通过色彩、皱纹、洞涡等表现出来,受石种、产地等多方面的影响。

山的组合包括"一收复一放,山势渐开而势转。一起又一伏,山欲动而势长"、"山之陡面斜,莫为两翼"、"山外有山,虽断而不断"、"作山先求入路,出水预定来源。择水通桥,取境设路"等多方面的理论。

4.2.2.7　**寓情于石,情景交融**

对山石的微观欣赏是中国传统文化中的一个特点。常运用象形、比拟和激发联想的手法造景。所谓"片山有致,寸石生情",也是要求无论置石或掇山都讲究"弦外之音"。

此外,起伏曲折山体的平面轮廓应曲折自如,立面轮廓从山麓到山头,峰峦岗巅应起伏变化。假山用石不可杂、石纹理不可乱、石块大小不可协、石缝安排不可多。

4.3　假山置石的材料

所谓的“假山”，是相对于自然形成的“真山”而言的。假山的材料有两种：一种是天然的山石材料，仅仅是在人工砌叠时，以水泥作胶结材料，以混凝土作基础而已；另一种是水泥混合砂浆、钢丝网或GRC（低碱度玻璃纤维水泥）作材料，人工塑料翻模成型的假山，又称“塑石”、“塑山”。

园林中经常使用的天然石材有太湖石、房山石、英石、黄石、灵璧石、宣石、松皮石、黄蜡石、斧劈石、千层石沉积岩、泰山石等。

4.3.1　太湖石

太湖石（见图4-8），又称贡石和“洞庭石”。太湖石久享“千古名石”之盛名，为我国古代著名四大名石之一，因产于太湖而得名，它是石灰岩经过千万年浪激波涤和流水侵蚀而造成的天然艺术品，是园林中的珍贵点缀物。太湖石质地坚硬，线条柔曲，千窍百孔，玲珑剔透，具有瘦、漏、透、皱之美，天然造化，形态各异，玲珑剔透，深受人们喜爱。

图4-8　个园夏山太湖石

4.3.2　房山石

房山石产于北京房山一带，因之为名（见图4-9、图4-10）。其又称北太湖石，外形酷似太湖石，石身起伏较大，轮廓飞舞有致，色或青灰，或灰白。质地不如太湖石脆，有一定韧性。形体上有太湖石的涡、沟、环、洞类变化，但容重较大约2 t/m^3，扣之无共鸣声。其洞涡不如太湖石大，且为多密集的小孔穴，外观比较沉实、浑厚、雄壮。

图 4-9　体态浑厚的房山石

图 4-10　雄壮的房山石

4.3.3　英石(图 4-11)

英石亦是四大名石之一,因产于广东省英德县英德山一带而得名,系石灰岩。外表锋棱突兀,多见黑色,间有青色、白色,并时见白色石筋,扣之有声。英石色泽有淡青、灰黑、浅绿、黝黑、白色等数种,以黑者为贵。由于当地岩溶地貌发育较好,雨水充沛,山石极易被溶蚀风化,故石表多深密褶皱,有蔗渣、巢状、大皱、小皱等状。英石颇具"皱、瘦、漏、透"之状,多峰峦,且有嵌空石眼,玲珑宛转,精巧多姿。英石质坚而脆,扣之有共鸣声者为佳。

英石由于凿、锯而得,正反面区别较明显,正面凹凸多变,嶙峋崎岖,背面往往平坦无变化,若是选取得当,正反皆有可观,则愈益可贵。流传至今的英石名品有"皱云峰"(见图 4-11)。此石嵌空飞动,形如云立,高八尺有余,狭腰处仅尺余,黝黑如铁,摇曳空灵。

图 4-11　杭州花圃"皱云峰"

4.3.4 黄石

黄石(见图4-12)分布很广,属细砂岩方解形节理,受侵蚀风化,沿节理方向大小不同崩落而成。外形刚直,石质坚实,棱角清晰,块面分明,具有很强的个性。

图4-12　个园秋山的黄石

4.3.5 灵壁石

灵壁石(见图3-13、图3-14)产自安徽省灵壁县磬石山一带,主要有磬石、五彩石、白灵壁、透花石、图纹石、皖螺石等。以声、形、质、色、纹诸美皆备,居中国四大名石之首,被清帝乾隆御封为"天下第一石"。灵壁石石身黝黑光亮,多皱折,富纹理,石质坚硬,扣之铿然有声。

4.3.6 宣石

宣石(见图4-15)产自安徽宣城县,石色洁白,个园中冬山最为著名,远望如石上积雪一般,且越老越白。

4.3.7 松皮石

松皮石(见图4-16)产于辽宁锦州城西,又名锦州石,属沉积岩。石身细长如笋,上有层层纹理和斑点,似如松皮,园中常用做石笋。石表似松树皮,有纯绿色及五色兼备者。新石笋纹眼嵌石,叫做子母石,旧石笋纹眼无嵌,又叫母石。以高丈余者为贵,一般长尺许。石笋常置于竹丛中、花墙旁,取"雨后春笋"之意,作春景图。石笋配松柏、兰花、竹子、梅花等更具诗意。

图4-13　石身黝黑的灵璧石

图4-14　纹理丰富的灵璧石

图4-15　远望如石上有积雪的宣石

4.3.8　黄蜡石

黄蜡石(见图4-17、图4-18)又名蜡石,因石表层内蜡状质感而得名。产自岭南从化、清远一带溪水中,属矽化安山岩或砂岩,主要成分为石英。黄蜡石色彩艳亮如黄蜡,体态浑圆,犹如大卵石。由于其地质形成过程中渗杂的矿物不同而有黄蜡、白蜡、红蜡、绿蜡、黑蜡、彩蜡等品种。黄蜡石以黄色为多见,其中以纯净的明黄为贵。

4.3.9　斧劈石

斧劈石(见图4-19)产于我国较多地区,犹以江苏武进、丹阳的斧劈石在盆景界最为有名。其色泽有浅灰、深灰、黑、土黄等。其具竖线条的丝状、条状、片状纹理,又称剑石,外形挺拔有力,但易风化剥落。斧劈石因其形状修长、刚劲,造景时做剑峰绝壁景观尤其雄秀,色泽自然。但因其本身皴纹凹凸变化反差不大,因此技术难度较高,而且吸水性能

图 4-16　个园松皮石

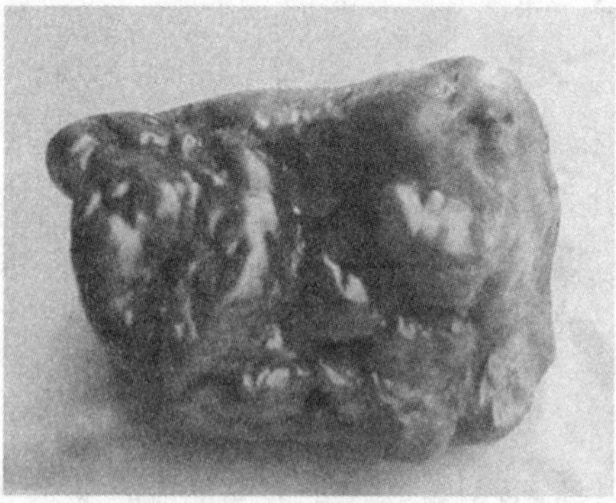

图 4-17　黑蜡

图 4-18　置于水边与水相协调的黄蜡石

较差，难于生苔，盆景成型后维护管理也有一定难度。现在在大型园庭布置中多采用这种石材造型。

图4-19　做山峰状布置的斧劈石

4.3.10　千层石沉积岩

千层石沉积岩(见图4-20、图4-21)铁灰色中带有层层浅灰色,变化自然多姿,产于江、浙、皖一带。这种石系纹层状或薄层状的灰岩、白云岩的互层岩石或硅质岩、灰岩,或粉砂岩、钙质泥岩之互层状岩石经差异风化、差异剥蚀或差异溶蚀而形成的多层重叠的景观石,少数也可成造型石。

图4-20　千层石沉积岩水池假山

图4-21　千层石沉积岩水池假山施工

4.3.11　泰山石

泰山石(见图4-22、图4-23)产于泰山山脉周围的溪流山谷,其质地坚硬,基调古朴、苍劲、沉稳、凝重、浑厚,多以渗透、半渗透的纹理画面而出现,以其美丽多变的纹理而出名,于粗旷中包容了丰厚的文化积淀。

图 4-22　犹如山河画卷的泰山石

图 4-23　犹如江河源头的布置

4.4　假山叠石施工技术

4.4.1　假山叠石基本技法

假山的叠石技法（或称手法），因地域不同，常将其分成北、南两派，即以北京为中心的北方流派和以太湖流域为中心的江南流派。北方流派祖传有安、连、接、斗、挎、拼、悬、剑、卡、垂“十字诀”，江南一带则流传为叠、竖、垫、拼、挑、压、钩、挂、撑等“九字诀”。其实其造型技法大致相同，都是假山在堆叠过程中，山石与山石之间相互结合的一些基本形式和操作的造型技法。目前，这些基本叠石技法在假山施工过程中经常使用，并被列入了我国《假山工职业技能岗位鉴定规范》。

4.4.1.1　安

安即安置山石的意思。在苏州方言中习惯称做“搁”或“盖”。安石有单安、双安、三安之分，双安即在两块不相连的山石上安置一块山石，以在竖向的立面上形成洞岫；三安即在三块山石上安置一块山石，使之连成一体。所以，安石主要通过山石的架空，来突出“巧”和“形”，以达到假山立面（观赏面）上的空灵虚隙。见图 4-24。

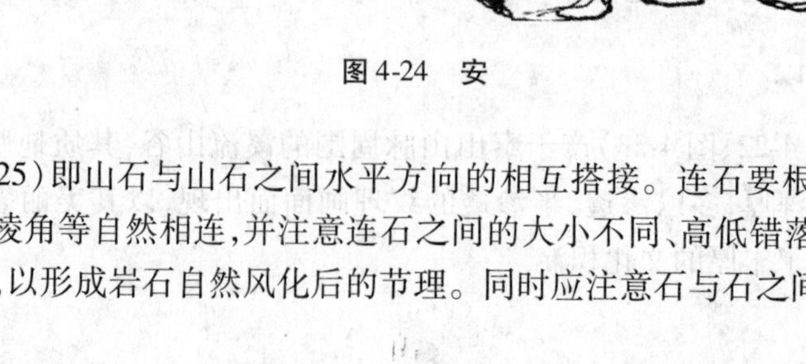

图 4-24　安

4.4.1.2　连

连（见图 4-25）即山石与山石之间水平方向的相互搭接。连石要根据山石的自然轮廓、纹理、凹凸、棱角等自然相连，并注意连石之间的大小不同、高低错落、横竖结合，连缝或紧密、或疏隙，以形成岩石自然风化后的节理。同时应注意石与石之间的拆搭转连。

4.4.1.3　接

接（见图 4-26）即山石与山石之间的竖向搭接。“接”要善于利用山石之间的断面或茬口,在对接中形成自然状的层状节理,这就是设计中所说的横向(水平)层状结构及竖向层状结构的石块叠置。层状节理既要有统一,又要富有变化,看上去好像自然风化的岩石一样,具有天然之趣。若在上下拼接时,山石的茬口不在一个平面上,这就需要用镶石的方法,进行拼补,使上下山石的茬口相互咬合,宛如一石。

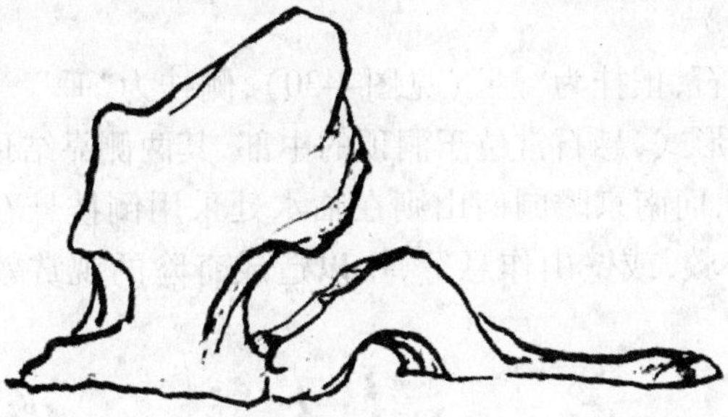

图4-25　连

图4-26　接

4.4.1.4　斗

叠石成拱状、腾空而立为"斗",它是模仿自然岩石经流水的冲蚀而形成洞穴的一种造型式样(见图4-27)。叠置时,在两侧造型不同的竖石上,用一块上凸下凹的山石压顶,并使两头衔接咬合而无隙,来作为假山上部的收顶,以形成对顶架空状的造型,就像两羊用头角对顶相斗一样,这是古代叠山匠师们的一种形象说法。

4.4.1.5　挎

挎(见图4-28)是指位于主要观赏面的山石,因其侧面平淡或形态不佳时,便在其侧面茬口用另一山石进行拼接悬挂,作为补救,以增强叠石的立体观,称之为"挎"。挎石可利用山石的茬口咬合,再在上面用叠压等方法来固定,如果山石的侧面茬口比较平滑,则可用水泥等进行粘合。

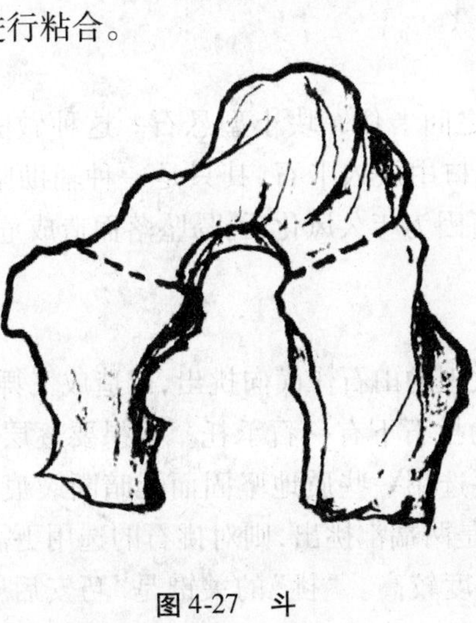

图4-27　斗

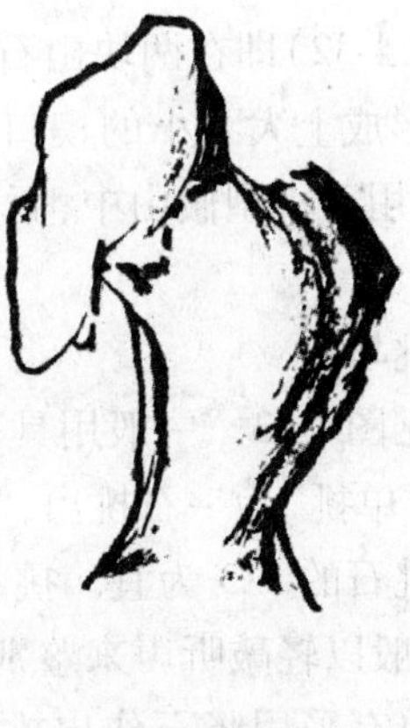

图4-28　挎

4.4.1.6　**拼**

拼(见图4-29)即把若干块较小的山石,按照假山的造型要求,拼合成较大的体形。不过小石过多,容易显得琐碎,而且不易坚固,所以拼石必须间以大石,并注意山石的纹理、色泽等,使之脉络相通,轮廓吻合,过渡自然。

4.4.1.7　**悬与垂**

均为垂直向下凌空悬挂的挂石,正挂为"悬"(见图4-30),侧挂为"垂"。"悬"是仿照自然溶洞中垂挂的钟乳石的结顶形式,悬石常位于洞顶的中部,其两侧靠结顶的发券石夹持。也有用于靠近内壁的洞顶的,而南京瞻园南山则在临水处采用倒挂悬石,情趣别具。"垂"则常用于诸如峰石的收头补救,或壁山作悬等,用以造成奇险的观赏效果。垂石一般体量不宜过大,以确保安全。

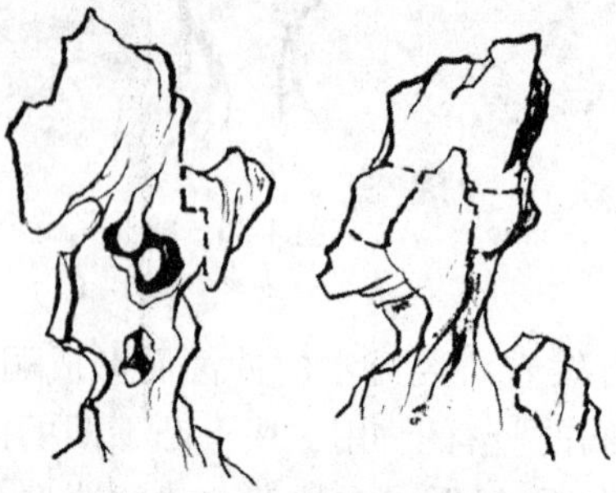

图4-29　拼

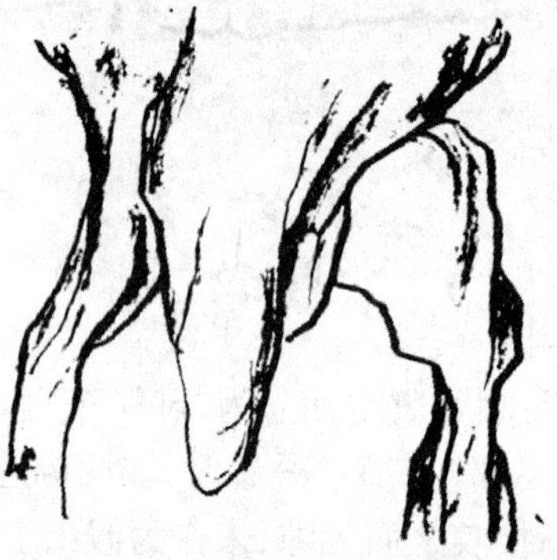

图4-30　悬

4.4.1.8　**剑**

剑(见图4-31)即将竖向取胜的山石,直立如剑的一种做法。山石剑立,竖而为峰,可构成剑拔弩张之势,但必须因地制宜,布局自然,避免过单或过密。拔地而起的剑峰,如配以古松修竹,常能成为耐人寻味的园林小景。

4.4.1.9　**卡**

卡(见图4-32)即在两块山石的空隙之间卡住一块小型悬石。这种做法必须是左右两边的山石形成上大下小的楔口,再在楔口中放入卡石,其只是一种辅助陪衬的点景手法,一般常应用于小型假山中;而大型山石因为年久风化后,易坠落而造成危险,所以较少使用。

4.4.1.10　**挑与压**

挑与压见图4-33。一般用具有横向纹理的山石作横向挑出,以造成飞舞之势,所以又称"出挑"。"单挑"为一石挑出,"重挑"为挑石下有一石承托。如果要逐层挑出,出挑的长度最好以挑石的1/3为宜。挑石一定要选用一些质地坚固而无暗断裂痕的山石,其判别的方法,一般以轻敲听声来鉴别。如果是两端都挑出,则对挑石的选用更需细心。现苏州假山匠师也有采用竖石作出挑的,但难度较高。"挑"的关键是"巧安后坚","前悬浑厚,后坚藏隐",所以它和"压"具有不可分割的关系。"偏重则压",即横挑而出的造型山石会造成重心外移,偏于一侧,这时就必须要用山石来进行配压,使其重心稳定,所以压石

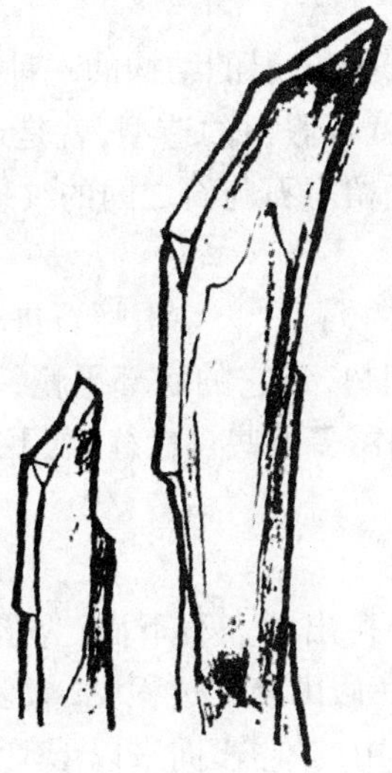

图 4-31　剑

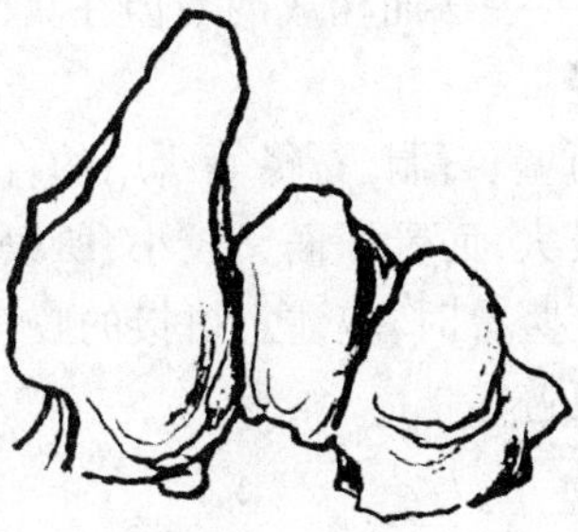

图 4-32　卡

尤以能达到坚固而浑然一体最为重要。一般一组假山或一组峰峦，最后的整体稳定是靠收顶山石的配压来完成的，此时则需要选用一些体量相对较大、造型较好的结顶石来配压收顶，这样会显得既稳固又美观。

挑头置石为“飘”。飘石的使用主要是丰富挑头的变化。飘石的选用，其纹理、石质、石色等应与挑石相一致或协调。在传统上，有时还可将飘石处理成各种动物的形象；而在现代叠石技法上，在传统的“飘”的叠法基础上，又有了新的突破和发展，它常选用一些体量较小，具有狭长、细弯、轻薄等特征的山石，按照造型构思，利用黏结材料以及捆、绑、卡、夹、支、撑、挂等方法，进行定位、定形，从而创作出一种石与石之间，具有留空、留白特点的镶石或搭接技术，通过“飘”的处理，能使假山的山体外形轮廓显得轻巧、空透、飘逸。它多用于太湖石假山类型中的小品堆叠。

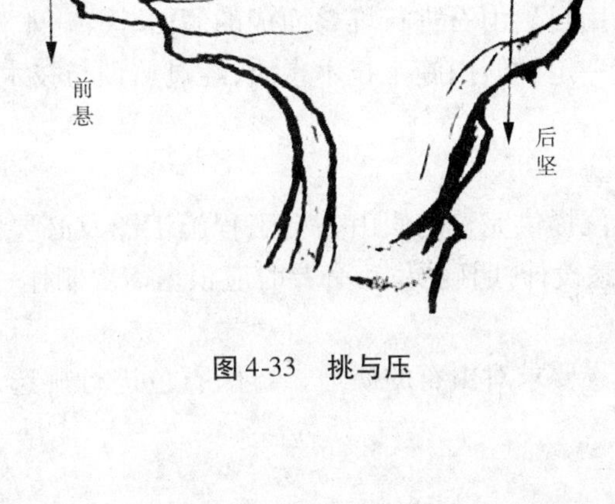

图 4-33　挑与压

4.4.1.11　**叠**

"岩横为叠",即用横石进行拼叠和压叠,以形成横向岩层的结构的一种叠石技法,这是传统假山堆叠中最常用的方法。如网师园"云冈"黄石假山的造型,就是运用了以"岩横为叠"的主要手法而构成的。但在具体堆叠中,必须留意石与石之间的纹理相一致。

4.4.1.12　**竖**

竖是指石壁、石洞、石峰等所用的直立之石的一种叠石技法。用竖石进行竖叠,因所承受的重量较大,而受压面又较小,所以必须要做好剎垫,让它的底部平稳,不失重心,并拼接牢固。在竖叠时,应注意拼接的咬合无隙,有时则需多留些自然缝隙,不作满镶密缝,以减少人工痕迹。

4.4.1.13　**垫**

垫是指处理横向层状结构时所用的剎石。在向外挑出的大石下面,为了结构稳妥和外观自然,形成实中带虚的效果,特垫以石块。此外,在假山施工过程中,都必须注意用剎片进行垫实,只有这样,才能使山石稳定牢固。古代假山的堆叠,向来以干砌法为主,即在不抹以胶结材料(如灰浆等)的前提下,使构成假山的山石重心稳定、结构牢固。所以说,叠山垫石最为关键。而胶结材料除了增加假山的整体强度外,还具有修饰山石间的拼接,使其天衣无缝,浑然一体,并有自然岩体的风化趣味的作用。垫足垫稳,不但可省胶结材料,而且坚固胜之。

4.4.1.14　**钩**

钩即山石在横平伸出过多的情况下,在挑出的造型山石的端部,放置一块具有转折形态和质感的小型山石,或向下作悬钩,以改变横向造型的呆滞。它主要用山石和辅助铁件进行石与石之间的钩接收头,或对以条石为框架的假山山体的包贴。

4.4.1.15　**撑**

撑也称"戗",即用斜撑的支力来稳固山石的一种做法。山石偏斜、悬挑、发拱、收顶等均要用撑。撑石必须选择合理的支撑力点,外观还应与山体的脉络相连贯,浑为一体。撑因与黄石假山的横平竖直的岩层节理不甚相符,所以不相适用,它常用于太湖石假山中,但也仅作为一些特殊置石的辅助加工和修饰,而且一般其用石也较小。

以上所列的南北叠石字诀,只是古代叠山匠师在假山造型施工中的一些典型手法,这些造型手法在实际施工中应灵活运用,切不可拘泥形式,刻意去追求。

4.4.2　假山叠石工程施工规程

假山叠石工程指采用自然山石进行堆叠而成的假山、溪流、水池、花坛、立峰等工程。

操作人员必须具备一定的假山施工技术素质,经过培训与技术考核,工程主持人并应具备相应的施工经验。

4.4.2.1　**施工准备**

施工前应由设计单位提供完整的假山叠石工程施工图及必要的文字说明,进行设计交底。施工人员必须熟悉设计,明确要求,必要时应根据需要制作一定比例的假山模型小样,并审定确认。

根据设计构思和造景要求对山石的质地、纹理、石色进行挑选,山石的块径、大小、色泽应符合设计要求和叠山需要。湖石形态宜"透、漏、皱、瘦"，其他种类山石形态宜"平、正、角、皱"。各种山石必须坚实，无损伤、裂痕，表面无剥落。特殊用途的山石可用墨笔编号标记。

山石在装运过程中，应轻装、轻卸，有特殊用途的山石要用草包、木板围绑保护，防止磕碰损坏。

根据施工条件备好吊装机具，做好堆料及搬运场地、道路的准备。吊具一般应配有吊车、叉车、吊链、绳索、卡具、撬棍、手推车、震捣器、搅拌机、灰浆桶、水桶、铁锹、水管、大小锤子、錾子、抹子、柳叶抹、鸭嘴抹、笤帚等。

4.4.2.2　操作工序

叠筑山石一般工序为：抄平→放线→挖槽→拍底→立基→回填夯实→弹线→拉底→垫刹→填馅→灌浆或混凝土→中层（垫刹、填馅、灌浆或混凝土同底层）→收顶→勾缝→清扫冲洗→回填夯实→清理场地。

4.4.2.3　质量要求

假山艺术形态要求山体美观、自然，符合自然山水景观形成的一般规律，达到"虽由人做，宛如天成"的效果。

操作质量要求外观整体感好，结构稳定，填馅灌浆或灌混凝土饱满密实，勾缝自然、无遗漏。

4.4.2.4　施工安全

操作前对施工人员应进行安全交底，增强自我保护意识，严格执行安全操作规程；施工人员应按规定着装，配戴劳动保护用品，穿胶底防滑铁包头保护皮鞋。

山石吊装前应认真检查机具吊索、绑扎位置、绳扣、卡子，发现隐患立即更换；山石吊装应由有经检的人员操作，并在起吊前进行试吊，五级风以上及雨中禁止吊装。

垫刹时，应由起重机械带钩操作，脱钩前必须对山石的稳定性进行检查，松动的垫刹石块必须背紧背牢；山石打刹垫稳后，严禁撬移或撞击搬动刹石，已安装好但尚未灌浆填实或未达到70%强度前的半成品，严禁任何非操作人员攀登。

高度6 m以上的假山，应分层施工，避免由于荷载过大造成事故；脚手架和垂直运输设备的搭设，应符合有关规范要求。

4.5　塑石假山施工技术

塑石这几年风靡全国各大城市，深受各园林景观公司所青睐。任何大小型游乐场所无处不见，细到各景区公园及小区。塑石是用雕塑艺术的手法仿造自然山石的园林工程，这种工艺是在继承发扬岭南庭园的山石景艺术和灰塑传统工艺的基础上发展起来的，具有用真石掇山、置石同样的功能。这种假山是用人工材料塑成的，它有以下四大特点。

(1)可以塑造较理想的艺术形象——雄伟、磅礴富有力感的山石景，特别是能塑造难以采运和堆叠的巨型奇石。可通过仿造，表现黄蜡石、英石、太湖石等不同石材所具有的风格。

(2)可以在非产石地区布置山石景，可利用价格较低的材料，如砖、砂、水泥等。

(3)施工灵活方便，不受地形、地物限制，在重量很大的巨型山石不宜进入的地方，如室内花园、屋顶花园等,仍可塑造出壳体结构的、自重较轻的巨型山石。

(4)可以预留位置栽培植物,进行绿化。

4.5.1 塑石假山施工技术

4.5.1.1 立基础

塑山,要有相应的地基处理。坐落在地面其方法同假山的立基和拉网做法。如山上有挂构,要注意预留填土穴,有洞要预留做洞壁的钢筋,如有水池,要做相应的防水处理。

4.5.1.2 建造骨架结构

骨架结构有砖结构、钢架结构,以及两者的混合结构等。砖结构简便节省,用于小山,对于山形变化较大的部位,要用钢架悬挑。山体的飞瀑、流泉和预留的绿化洞穴位置,要对骨架结构作好防水处理。

4.5.1.3 铺设钢丝网

砖基架可设或不设钢丝网。一般形体较大者都必须设钢丝网。钢丝网要选易于挂水泥的材料。若为钢基架则还宜先做分块钢架附在形体简单的基架上,变几何形体为凸凹的自然的外形,其上再挂钢丝网,钢丝网与基架绑扎牢固。

4.5.1.4 泥底塑型

用水泥、黄泥、河沙配成可塑性较强的砂浆在已砌好的骨架上塑型,反复加工,使造型、纹理、塑体和表面刻划基本上接近模型。此道工艺如同掇山造型中层施工的外层造型。

4.5.1.5 塑面

在塑体表面细致地刻划石的质感、色泽、纹理和表层特征。质感和色泽根据设计要求,用石粉、色粉按适当比例配白水泥或普通水粉调成砂浆,按粗糙、平滑、拉毛等塑面手法处理。纹理的塑造,需要多次尝试反复观察,边塑边改,最终达到每个局部充分显示石质感。纹理的塑造,一般来说,直纹为主、横纹为辅的山石,较能表现峻峭、挺拔的姿势。横纹为主、直纹为辅的山石,较能表现潇洒、豪放的意象。综合纹样的山石则较能表现深厚、壮丽的风貌。为了增强山石景的自然真实感,除了纹理的刻划外,还要作好山石的自然特征,如缝、孔、洞、烂、裂、断层、位移等的细部处理。一般来说,纹理刻划宜用"意笔"手法,概括简炼,自然特征的处理宜用"工笔"手法,精雕细琢。

4.5.1.6 设色

可在面层砂浆中添加颜料及石粉调配出所需之色。或在塑面水分未干透时用颜料粉和水泥加水拌匀,逐层洒染。或根据石色要求刷或喷涂非水溶性颜色。在石缝孔洞或阴角部位略洒稍深的色调,待塑面九成干时,在凹陷处洒上少许绿、黑或白色等大小、疏密不同的斑点,以增强立体感和自然感。

塑石假山施工过程见图4-34。

4.5.2 塑石假山施工方法

4.5.2.1 砖骨架塑石假山施工程序

砖骨架塑石假山(见图4-35)施工程序一般为:基础放样→挖土方→浇混凝土垫层→

图 4-34　塑石假山施工过程

砖骨架→打底→造型→面层批荡(批荡:面层厚度抹灰,多用砂浆)及上色修饰→成形。

图 4-35　砖骨架塑石假山

4.5.2.2　钢骨架塑石假山施工程序

钢骨架塑石假山(见图 4-36)施工程序一般为:基础放样→挖土方→浇混凝土垫层→焊接钢骨架→做分块钢架,铺设钢丝网→双面混凝土打底→造型→面层批荡及上色修饰→成形。

图 4-36　钢骨架塑石假山

4.6　水景分类

园林中的水景可分为静态水景和动态水景。

4.6.1　静态水景(图4-37、图4-38)

静态水景按形状分有规则式、自然式和混合式等类型;按大小分有小面积的水池、宽阔的水面、蜿蜒的水池等。静态的水景给人以宁静、舒适、幽雅的效果,见图4-37、图4-38。如湖、池、塘、潭、坑、井等。

图4-37　平静如镜的水面将灯塔、亭、廊、桥等倒影成景

图4-38　优美的水岸线

4.6.2　动态水景

动态水景形式丰富,见图4-39、图4-40。水本无“形”,但通过水的流动可以形成各种各样、千姿百态的水姿。园林中的动态水景有泉、流、瀑布、水帘、水涛、漩涡及跌水等。动

态水景能使环境生动、活泼。如河、溪、涧、渠、瀑布、跌水、喷泉等。

图4-39　喷泉

图4-40　山石型壁泉

4.6.3　常见园林水景

4.6.3.1　湖池

湖池有天然和人工(见图4-41)两种。园林中的湖池多按自然式布置,水岸曲折多变,沿岸因境设景,在我国古典园林中,常作为园林构图中心。水面的分隔与联系主要有岛、半岛、堤、桥、建筑与植物等。

4.6.3.2　瀑布

流水从高处突然落下而形成瀑布,见图4-42。瀑布一般有最基本的四个组成:上游水流(蓄水池)、落水口、瀑身、下游泄水(受水潭),主要欣赏瀑身的景色。最常见的瀑布类型有直落式、叠落式、散落式。

4.6.3.3　溪涧(图4-43、图4-44)

在自然界中,泉水由山上集水而下,至平缓时,流淌而前,形成溪涧水景(见图4-43、

图 4-41　某小区的人工湖景观

图 4-42　利用地势的小型瀑布景观

图 4-44)。一般溪浅而阔,涧狭而深。在园林中,应选适当之处设置溪涧 ,溪涧应左右弯曲,萦回于岩石山谷间,或环绕亭榭,或穿岩入洞,有分有合,有收有放,形成大小不同的水面或宽窄各异的水流。

4.6.3.4　**喷泉**

它是构筑的整形或自然式泉池,以喷射优美的水形取胜。在园林中,喷泉常为局部构图中心,它常与水池、彩色灯光、雕塑、花坛组合成景,见图 4-45。喷泉中常见的喷头形式有直流、雪松形、牵牛花形、蒲公英形、球形、涌泉形、扇形、旋转形等。

图 4-43　平缓的溪涧

图 4-44　顺地势而下的溪涧

图 4-45　雾化喷头形成的喷泉景观

4.7　水体功能与作用

4.7.1　水的几种景观效应

水的景观效应，是人通过自己的视觉、听觉和触觉等，对水体及其周围环境产生感知，进而激发某种情感和兴趣，也就是产生景观感应的人与自然形意相融的效应，这些景观效应，可由不同景观要素的形态美、线条美、色泽美、动态美、静态美以及听觉美和嗅觉美等美学特征所诱发。

4.7.1.1　基底作用

大面积的水面视域开阔坦荡，有托浮岸畔或水中景观的基底作用。当水面不大，但水面在整个空间中仍具有面的感觉时，水面仍可作为岸畔或水中景物的基底，产生倒影，扩大和丰富空间。

4.7.1.2　系带作用

水面具有将不同的园林空间、景点连接起来产生整体感的作用，将水作为一种关联因素又具有使散落的景点统一起来的作用，前者称为线型系带作用，后者称为面型系带作用。例如，扬州瘦西湖的带状水面延绵数千米，一直可达平山堂。在现公园范围内，众多的景点或依水而建，或伸向湖面，或几面环水，整个水面和两侧景点好像一条翡翠项链。同样，从桂林到阳朔，漓江将两岸奇丽的景色贯穿起来，这也是线型系带作用的例子。

当众零散的景点均以水面为构图要素时，水面就会起到统一的作用。例如，在苏州拙政园中，众多的景点均以水面为底，其中许多建筑的题名都反映了与水面的关系，如海棠春坞、倒影楼、塔影亭、荷风四面亭、香洲、小沧浪、远香堂等名称中的坞、倒影、塔影、荷、洲、沧浪、远香都与水有着不可分割的联系，只不过有的直接、有的间接而已。另外，有的设计并没有大的水面，而只是在不同的空间中重复安排水这一主题，以加强各空间之间的联系。

水还具有将不同平面形状和大小的水面统一在一个整体之中的能力。无论是动态还是静态的水，当其经过不同形状和大小的、位置错落的容器时，由于它们都含有水这一共同而又唯一的因素而产生了整体的统一。

4.7.1.3　焦点作用

喷涌的喷泉、跌落的瀑布等动态形式的水的形态和声响能引起人们的注意，吸引住人们的视线。在设计中除了处理好它们与环境的尺度和比例的关系外，还应考虑它们所处的位置。通常将水景安排在向心空间的焦点上、轴线的焦点上、空间的醒目处或视线容易集中的地方，使其突出并成为焦点。可以作为焦点水景布置的水景设计形式有喷泉、瀑布、水帘、水墙、壁泉等。

4.7.2　园林水体的用途

4.7.2.1　园林水体景观

如喷泉、瀑布、池塘等，都以水体为题材，水成了园林的重要构成要素，也引发无穷尽的诗情画意。冰灯、冰雕也是水在非常温状况下的一种观赏形式。

4.7.2.2　**改善环境,调节气候,控制噪声**

水体的蒸发可以改变空气的湿度,矿泉水具有医疗作用,水体产生的负离子具有清洁空气的作用,都不可忽视。

4.7.2.3　**提供生活用水**

生活用水中最值得回味的是品茗饮茶,开门七件事,最后一件就是茶。由茶而引发茶圣陆羽在《茶经》中对水的评价:"山水上,江水中,井水下。"

4.7.2.4　**提供生产用水**

生产用水范围很广泛,其中最主要是植物灌溉用水,其次是水产养殖用水,如养鱼、蚌等。这两项内容同园林面貌和生产、经营是息息相关的。

4.7.2.5　**提供体育娱乐活动场所**

如游泳、划船、溜冰、船模等;如现在休闲的热点,如冲浪、漂流、水上乐园等。

4.8　水景施工技术

4.8.1　驳岸工程

园林水体要求有稳定、美观的水岸以维持陆地和水面一定的面积比例,防止陆地被淹或水岸坍塌而扩大水面,在水体边缘必须建造驳岸与护坡。在建造驳岸或护坡时,须将实用、经济、美观统筹考虑,力求成景而不是煞风景。

4.8.1.1　**驳岸的组成**

驳岸主要由湖底以下地基部分、常水位至湖底部分、常水位和最高水位之间的部分、不受淹没的部分等组成。

4.8.1.2　**破坏驳岸的因素**

破坏驳岸的因素主要有:因自然因素或设计不合理而使地基及基础被破坏;常水位至湖底部分处于常年被淹状态,受湖水浸透及水的冲刷破坏;常水位至最高水位部分经受周期性淹没,随水位上下形成冲刷破坏;最高水位不被淹没的部分被浪击、日晒和风化剥蚀破坏;驳岸顶部,可能因超重荷载和地面水的冲刷遭到破坏。

4.8.1.3　**驳岸平面位置与岸顶高程的确定**

园林驳岸应根据湖体施工设计确定驳岸位置,在平面图上以常水位线显示水面位置。整形式驳岸岸顶宽度一般为30~50 cm。岸顶高程应比最高水位高出一段以保证湖水不致因风浪拍岸而涌入岸边陆地面。湖面广大、风大、空间开旷的地方高出多一些,而湖面分散、空间内具有挡风的地形则高出少一些,一般高出25~100 cm。

4.8.1.4　**驳岸的分类**

(1)按造景分类主要分为自然式驳岸(见图4-46~图4-48)、人工式驳岸(见图4-49~图4-52)。

(2)按结构形式分类可分为浆砌块石和干砌块石驳岸(见图4-53、图4-48)、混凝土护壁式驳岸(见图4-54)、木桩沉排(褥)驳岸(见图4-55)、条石驳岸(见图4-56)、混凝土竹

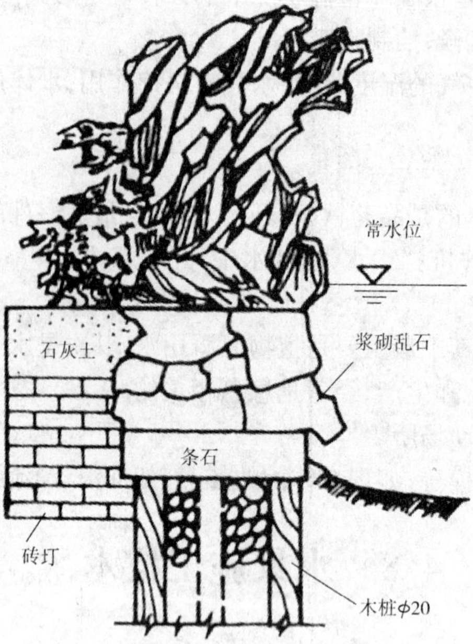

图 4-46　假山石驳岸

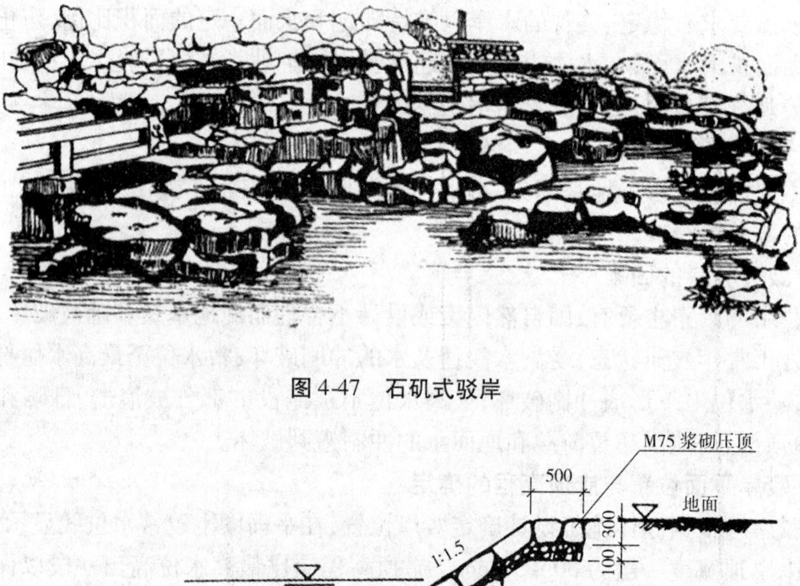

图 4-47　石矶式驳岸

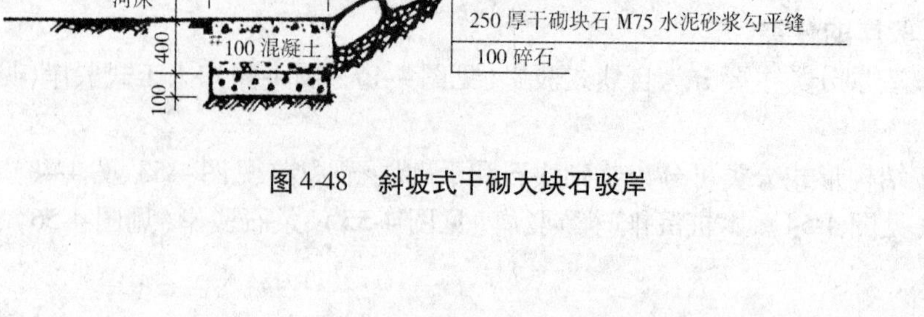

图 4-48　斜坡式干砌大块石驳岸

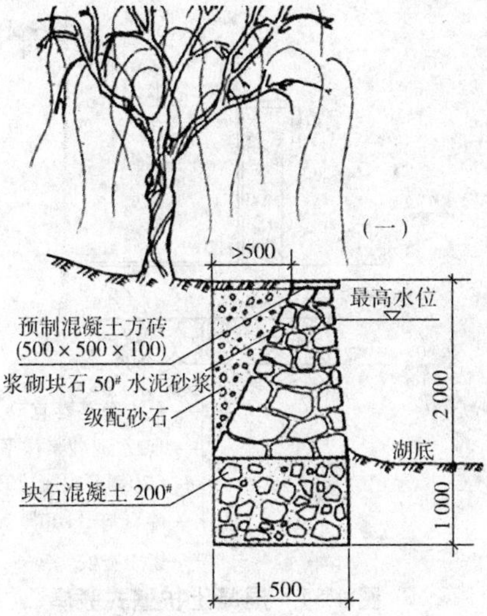

图 4-49　冰裂式块石砌体驳岸

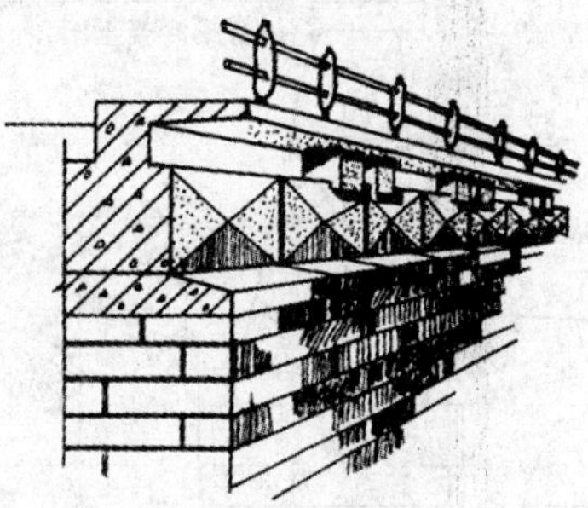

图 4-50　规则块石砌体驳岸

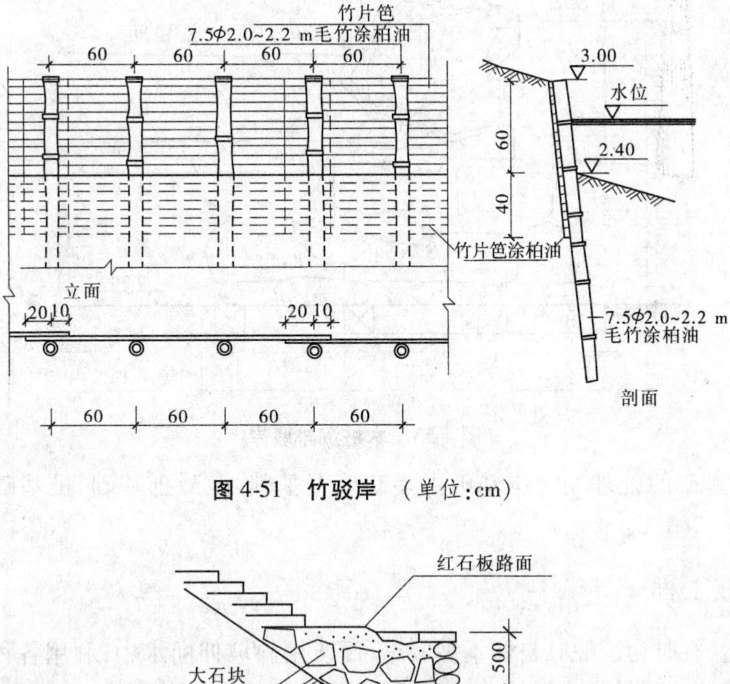

图 4-51　竹驳岸　（单位：cm）

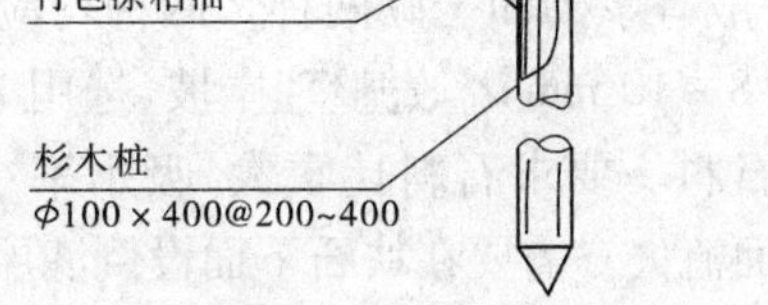

图 4-52　木驳岸

木驳岸等。

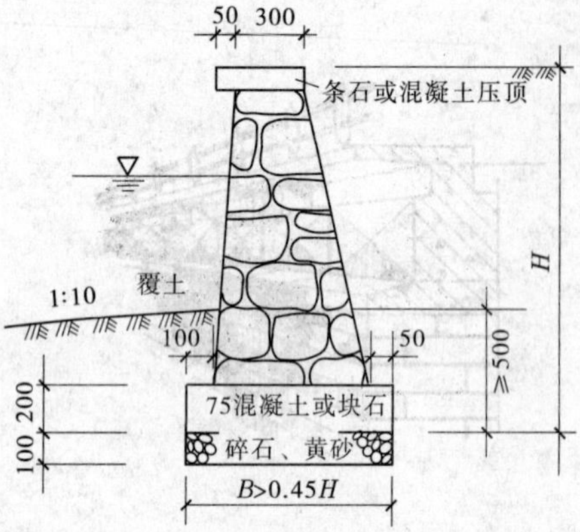

图 4-53　重力式浆砌块石驳岸

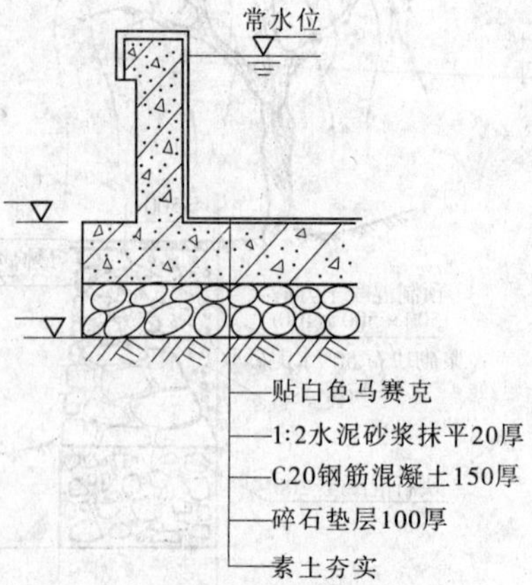

图 4-54　混凝土护壁式驳岸

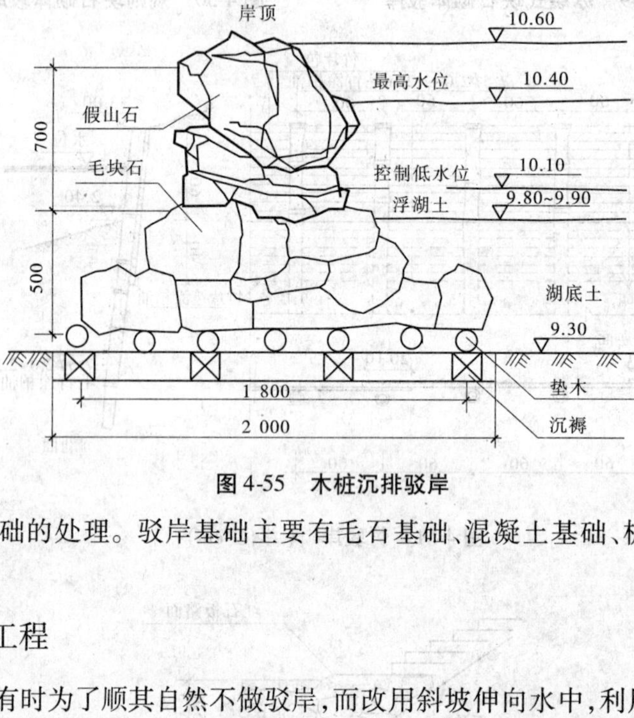

图 4-55　木桩沉排驳岸

(3)驳岸基础的处理。驳岸基础主要有毛石基础、混凝土基础、桩基础等三种处理方式。

4.8.2　护坡工程

河岸湖边,有时为了顺其自然不做驳岸,而改用斜坡伸向水中,利用各种材料和方式进行护坡。护坡主要是防止滑坡、减少水和风浪对地面的冲刷,确保岸坡的稳定。

4.8.2.1　块石护坡

块石护坡(见图 4-57)一般有浆砌和干砌两种。两种均应用砂浆勾缝(平缝宽度≤40 mm,凸缝宽度≤25 mm,厚度 8 ~ 10 mm)。先整理岸坡,选用 18 ~ 25 cm 直径的块石,最好是长宽边比为 1∶2的长方形石料。要求石料比重大,吸水率小。块石护坡还应有足够的透水性以减少土壤从护坡上面流失。需要在块石下面设倒滤层垫底,并在护坡坡脚设挡板。

在水流流速不大的情况下,块石可设在砂层或砾石层上。否则应以碎石层作倒滤的

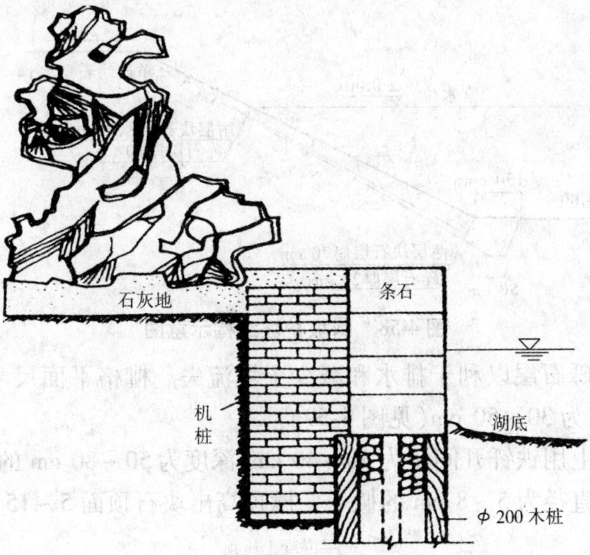

图4-56　条石驳岸

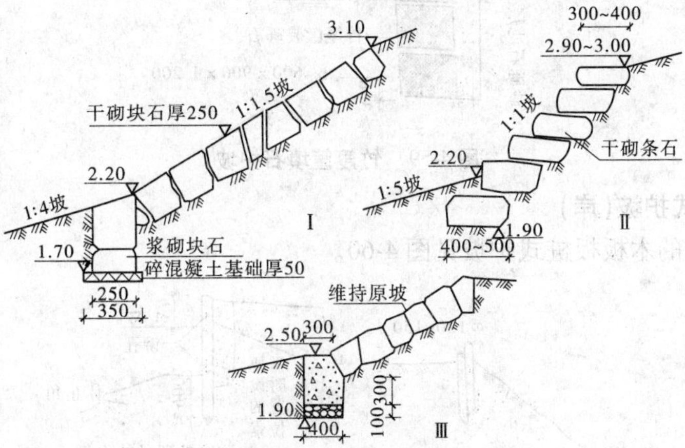

图4-57　块石护坡

垫层。如单层石铺石厚度为20～30 cm时，垫层可采用15～25 cm。如水深在2 m以上则可考虑下部护坡用双层铺石。如上层厚30 cm，下层厚20～25 cm，砾石或碎石层厚10～20 cm。

如图4-58所示，斜坡坡度为1∶1.5，坡高为6 m，河水常水位高于斜坡底4 m。由于岸坡大部分处于水中，故采取比较可靠的护坡面层结构。即在碎石或砾石层的透水层上用块石砌面层。块石在坡底部砌双层，总厚度约为70 cm。而在水位以上逐渐转为32 cm。面层沿不同厚度的碎石层上铺砌。在坡底，石层厚20 cm。在常水位及高于常水位50 cm处其厚度为10 cm。从斜坡水位线以上逐渐转变到单层块石铺面。坡肩处块石厚14～16 cm。斜坡底部建造上宽1.5 m、底宽0.5 m、厚为1.35 m的护脚棱体以防止砌体下滑。

4.8.2.2　编柳抛石护坡（也可用竹篾筐）

采用新截取的柳条呈十字交叉编织。编柳空格内抛填20～40 cm厚的块石。块石下

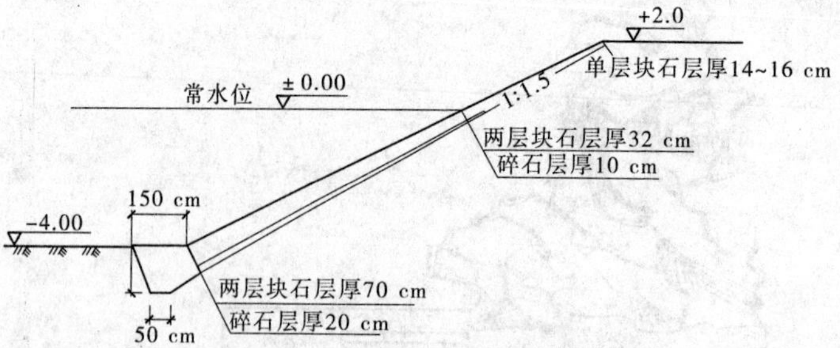

图 4-58　斜坡护坡结构示意图

设 10 ~ 20 cm 厚的砾石层以利于排水和减少土壤流失。柳格平面尺寸为 0.3 m × 0.3 m 或 1 m × 1 m。厚度为 30 ~ 50 cm(见图 4-59)。

编柳时在岸坡上用铁钎开间距为 30 ~ 40 cm、深度为 50 ~ 80 cm 的孔洞。在孔洞中顺根的方向打入顶面直径为 5 ~ 8 cm 的橛子。橛顶高出块石顶面 5 ~ 15 cm。

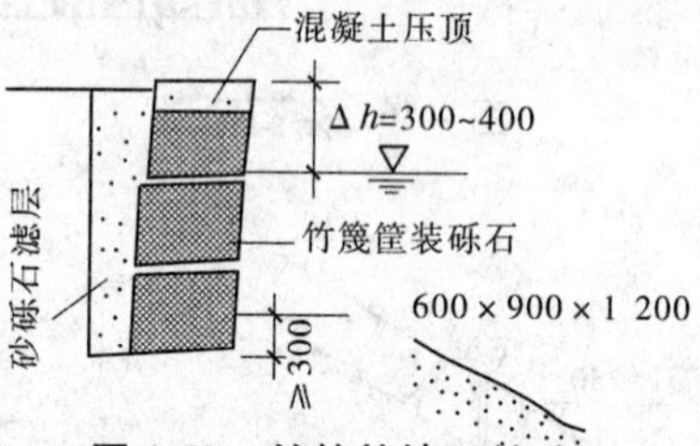

图 4-59　竹篾筐填石护坡

4.8.2.3　板桩式护坡(岸)

防腐处理过的木板板桩式护坡见图 4-60。

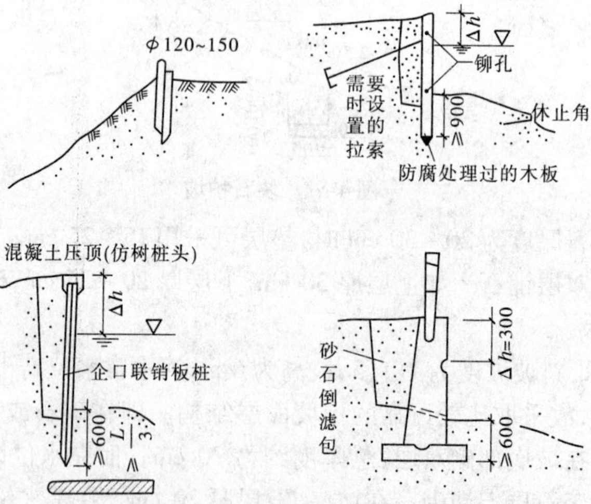

图 4-60　防腐处理过的木板板桩式护坡(岸)

4.8.2.4　园林绿地护坡

园林绿地护坡形式主要有草皮护坡(见图 4-61、图 4-62)、花坛式砖砌护坡、混凝土台阶式护坡等多种形式。

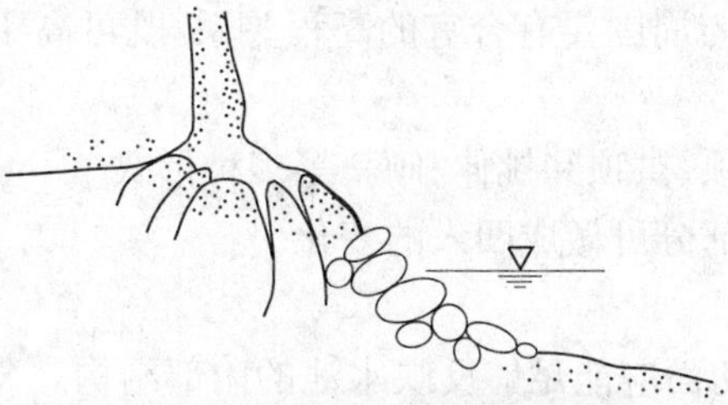

图 4-61　自然岸坡(植被护坡、岸)

图 4-62　草坡入水效果

4.9　水池工程

水池在城市园林中用途很广,面积相对小些的,多取人工水源,因此必须设置进水、溢水、泄水的管线。有些水池还要设循环的管线。

4.9.1　水池设计

水池的设计包括平面设计、立面设计、剖面设计和管线设计。

4.9.1.1　水池平面设计

水池平面设计时,应考虑以下几点:

(1)应与所在的环境的气氛、建筑和道路的线形特征以及视线关系相协调、统一。

(2)综合考虑水池前景、框景、背景等因素。

(3)不论规则式、自然式、综合式的水池都要力求造型简洁大方而又具有个性特征。

4.9.1.2　图纸的表达

(1)应显示其平面位置及尺度,在平面上标注出池底、池壁顶、进水口、溢水口、泄水口和种植池的高程及所剖切的位置。

(2)设循环水处理的水池要注明循环线路及设施要求。

4.9.1.3　水池立面设计

(1)反映主要朝向各立面处理的高度变化和立面景观。

(2)注意水池池壁顶与周围要有合宜的高程关系:既可高于路面,也可以持平或低于路面做成沉床式水池。

(3)池壁顶可做成平顶、拱顶和挑伸、倾斜等多种形式。

(4)水池与地面相接部分可做成凹入的变化。

4.9.1.4　剖面设计

根据设计的水池,剖切面应能足够反映水池的内部结构。

图纸上应标注出从地基到池壁顶各层的材料、厚度及水位标高等。

4.9.1.5　管线设计

水池工程图纸,要求有管线平面图,在图纸上需标出管线高程。

4.9.2　水池工程常用的材料

4.9.2.1　池底材料

(1)小型水池:混凝土料面或贴卵石。

(2)大型水池:自然(天然水池)、卵石、三合土、石等。

4.9.2.2　池壁材料

水池池壁常用材料有石、卵石、混凝土、钢筋混凝土、砖等。

4.9.2.3　岸面的处理

水池岸面的处理方法有水泥砂浆抹面、洗石米、水磨石、贴料石(如大理石、花岗石、碎大理石等)、马赛克或锦砖、清水砖、斩假石等。

4.9.3　池岸的做法

水池池岸的做法主要有卵石岸(见图 4-63)、树桩混凝土池岸(或塑松竹岸)(见图 4-64)、塑山石岸(见图 4-65)、黄石(沙岩)岸与湖石岸(见图 4-66)、岸边叠石的水池(见图 4-67)。

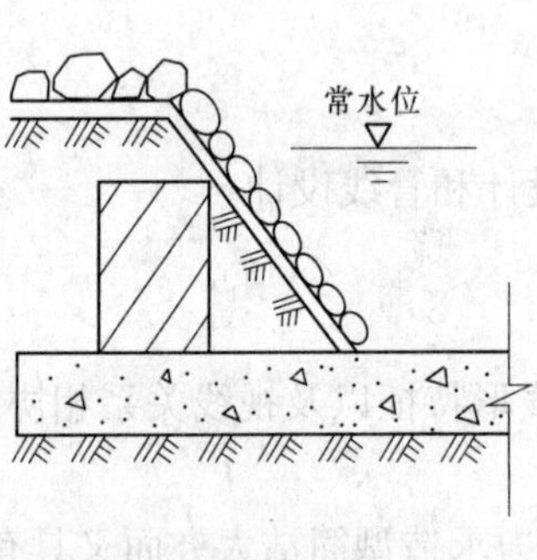

图 4-63　卵石岸

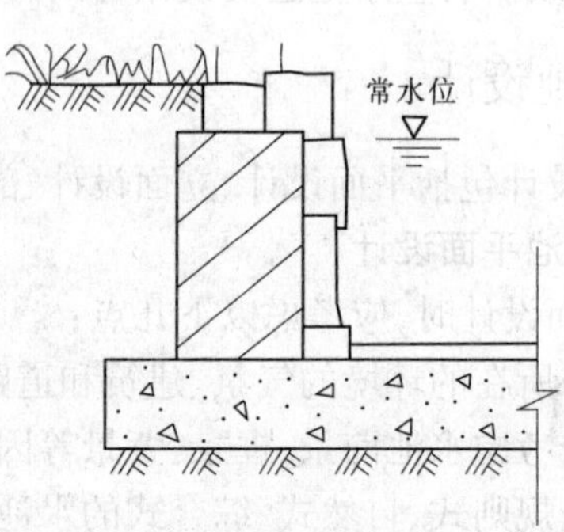

图 4-64　树桩混凝土池岸

4.9.4　种植池做法

种植池有多种做法,规则式种植池常见的有三种做法:第一种为长方形水池的剖面,两边是水生植物种植槽,用以种植浅水生的水生植物如慈菇、水葱等(见图 4-68(a));第二种为创造深水种植池的做法(见图 4-68(b));第三种为池中间和池边种植浅水水生植

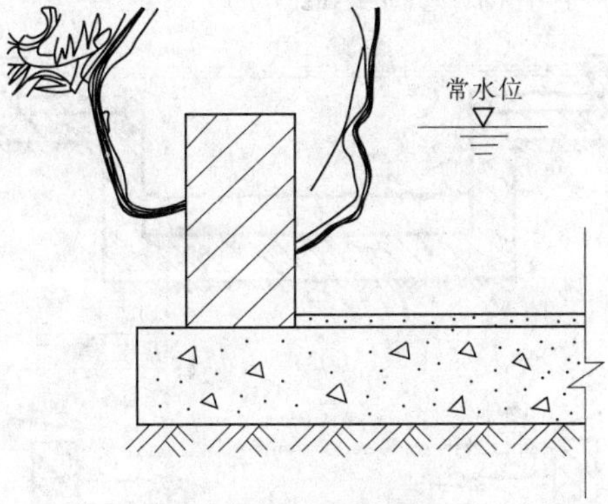

图 4-65　塑山石岸

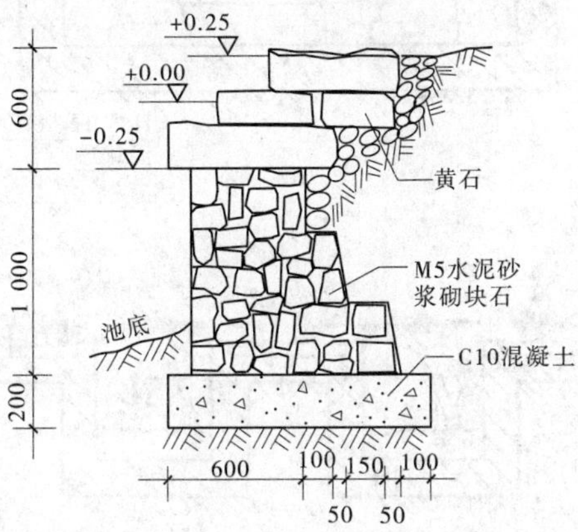

图 4-66　黄石岸

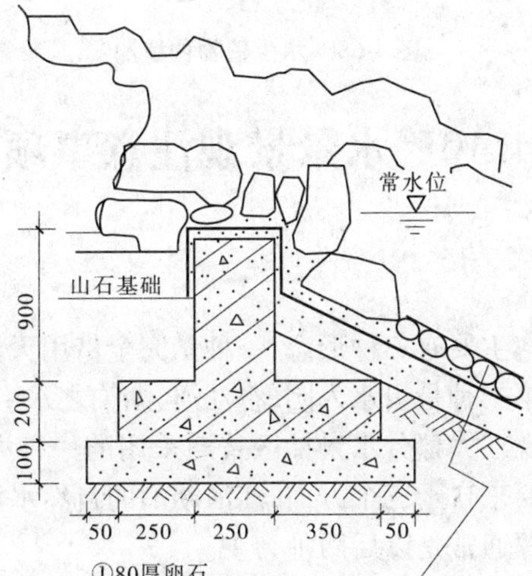

①80厚卵石
②20厚1:3水泥砂浆
③三元乙丙防水卷材卷过池壁
④三步灰土
⑤素土夯实

图 4-67　岸边叠石

物,余下部分种植深水性水生植物(见图4-68(c))。

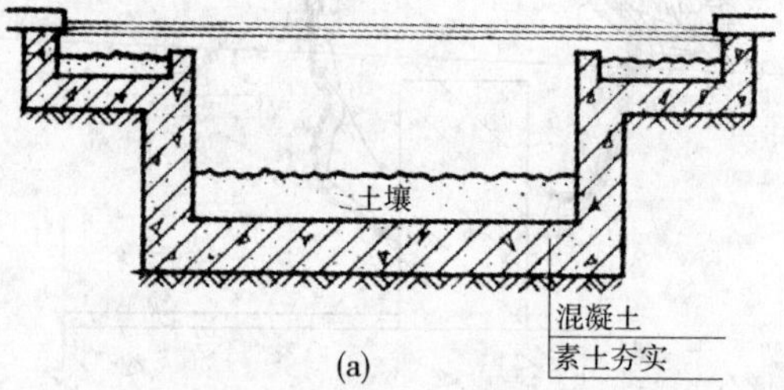

(a)

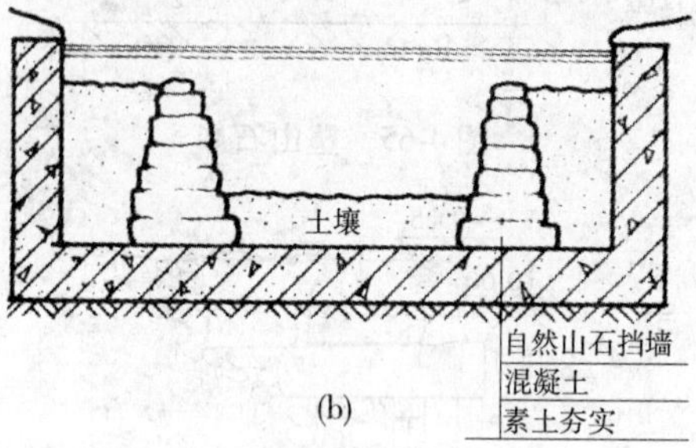

(b)

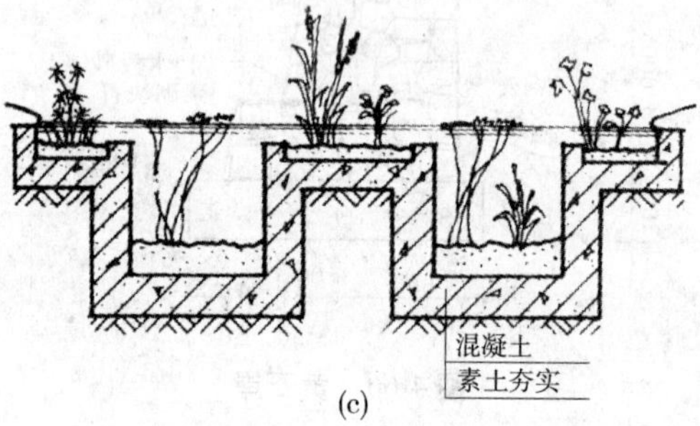

(c)

图4-68　水生植物种植池

4.10　水景景观注意事项

4.10.1　水源问题

目前,我国的水景住宅主要有三种形态,一种是完全借用天然江河、湖泊的自然景色,将房子建在有水的地方;第二种是引水入园,将江河、湖泊之水引入社区结合人工造景;第三种就是人造水景,这是现在大部分水景社区普遍采用的一种办法。从水景住宅的形态来看,水景住宅的水源主要来自于三个方面:江河湖泊的自然水源、自来水、经过处理的中水。目前,人造水景水资源通常是以后两种为主。

4.10.2　养护成本

据了解,水景住宅中的水景维护占了小区物业管理中的极大比重。在深圳,一个3 000～4 000 m^2 的游泳池,每月的维护成本加上人力成本就高达15万～20万元,这些成本包含水循环投入、水泵投入、电力投入、消毒投入、维护投入以及人工投入。过高的维护成本令很多物业公司不堪重负,对小区水景的养护也就江河日下。

目前,在人工建造的湖泊中,水景湖泊维护和水源更换等方面的费用是水景住宅中后期维护费用的主要项目。因此,在进行水景规划时,一定要考虑以后的维护成本,从实际情况出发,以生态优先和经济实用为前提,这样才能真正体现出水景住宅的优势来。

4.10.3 水景设计安全性

一般常见景观水池深度均为0.6~0.8 m,这样做的原因是要保证吸水口的淹没深度,并且池底为一整体的平面,也便于池内管路设备的安装施工和维护。只有在为体现亲水特点的浅碟形池体设计时,才采用吸水坑或泵坑。0.6~0.8 m的水深对于儿童戏水来说,实际上存在着较大的不安全性。因此,在儿童戏水池设计中,一般采用的深度为0.3~0.6 m,这样做的另一优点是,当水质浊度略高时,给人的感觉仍然清澈见底。池壁压顶应可供游人坐下休息,池壁压顶距地面高度一般为0.30~0.45 m。除人工湖外,水面以高于地面为宜,若水面水位较低,便会有如临深潭的感觉。从亲水的角度出发,较为合适的尺度是水面距池壁压顶为0.2 m。潜水泵坑或水泵吸水口则只需局部加深以满足吸水条件,泵坑表面可设置箅子,既可遮蔽设备又可作为格栅以阻止大颗粒杂质吸入。从美观的角度出发,池表面应尽量减少外露的管道设备。

4.11 水景景观项目实例——某小区小水池景观的施工过程

第一,放线,把水池的标高定好,挖好水池后,素土夯实(见图4-69)。

第二,留好溢水口、排水口的位置,然后用6%水泥石粉垫层(见图4-70)。

第三,分层夯实(见图4-71)。

第四,需要重型夯实的地方不能错过(见图4-72)。

第五,垫层做完后,接着是铺设钢筋,一般Φ8@200单层相向即可(见图4-73)。

第六,填充混凝土,一般厚度是100~150 mm不等(见图4-74)。

第七,稍微抹平,也可再加层防水油毡后再加水泥砂浆抹平(见图7-75)。

第八,等结合层凝固后,再做防水砂浆结合面层(见图7-76)。

第九,最后一步清洗,试水,丰富驳岸景观。

图4-69 夯机夯实

图4-70 铺垫层

图 4-71　分层夯实

图 4-72　重型夯机夯实

图 4-73　铺设钢筋

图 4-74　填混凝土

图 4-75　表面抹平

图 4-76　贴鹅卵石面层

第 5 章　园林水电工程

在各类园林绿地中，特别是现代综合性园林中，因造景及生活生产后期养护等的需要，用水量很大，且灯光的使用量也越来越大。对于用水来说，需要设置一系列的构筑物，从水源取水，并按用户对水质的不同要求分别进行处理，然后再将水送至各用水点使用，并最终排放到自然的河湖中。对于灯光来说，为了取得一个良好的亮化效果，需要我们对灯具的性能、各种灯具照射的效果有一定的了解，以达到最佳的造景效果。

5.1　园林给水工程

5.1.1　园林给水工程概述

5.1.1.1　园林给水工程的组成

(1)取水工程：从地面上的河、湖和地下的井、泉等天然水源中取水的一种过程。

(2)净水工程：通过在水中加药混凝、沉淀、过滤、消毒等工序而使水净化，从而达到园林中的各种用水要求。

(3)输配水工程：通过输水管把经过净化的水输到各用水点。

5.1.1.2　园林用水类型

(1)生活用水：如餐厅、内部食堂、茶室、小卖部、消毒饮水器及卫生设备等的用水。

(2)养护用水：包括植物灌溉、动物笼舍的冲洗及夏季广场的喷洒用水。

(3)造景用水：各种水体(溪涧、湖泊、池沼、瀑布、跌水、喷泉等)的用水。

(4)消防用水：园林中的古建筑或主要建筑周围应设消防栓。

5.1.1.3　园林给水特点

园林给水的特点主要是：园林中的用水点较分散；用水点分布于起伏的地形上，高程变化大；水质可据用途不同分别处理；用水高峰时间可以错开；饮用水(如沏茶用水)的水质要求较高。

5.1.2　园林用水水源选择

5.1.2.1　地表水

地表水取水方便、蓄水量大；易受工业废水、生活污水及各种人为因素的污染；水中泥沙、悬浮物和胶态杂物含量较多，杂质浓度高于地下；必须经过严格的消毒才能作为生活用水。

净化水的步骤如下。

(1)混凝沉淀(澄清)：在水中加入混凝剂，使水中产生絮状物，和杂质凝聚在一起，沉淀到水底。

(2)过滤(砂滤):将经过混凝并澄清的水送进过滤池,透过过滤砂石层,滤去杂质,使水质洁净。

(3)消毒:天然水过滤后还会有一些细菌,为保证用水安全,必须消毒。

5.1.2.2 地下水

地下水分潜水与承压水,水温通常在7~16 ℃或稍高,夏季作为园林降温用水效果很好。在地下水取水构筑物旁边,要注意保护水源和进行卫生防护。

5.1.2.3 水源的选择原则

(1)园林中的生活用水要优先选用城市给水系统提供的水源,其次则主要应选用地下水。地下水的优先选择次序为泉水、浅层水、深层水。

(2)造景用水、植物栽培用水等,应优先选用河流、湖泊中符合地面水环境质量标准的水层。

(3)各景区内,当必须筑坝蓄水作为水源时,应尽可能结合水利发电、防洪、林地灌溉及园艺生产等多方面的用水需要。

(4)水资源比较缺乏的地区,园林中的生活用水使用过后,可以收集起来,经过初步净化处理,再作为苗圃、林地等灌溉所用的二次水源。

(5)各项园林用水水源,都要符合相应的水质标准。

(6)在地方性甲状腺肿地区及高氟地区,应选用含碘氟量适宜的水源。

5.1.3 水源水质特点

5.1.3.1 地表水水质特点

地表水由于长期暴露在地面上,杂质、悬浮物较多,容易受到污染,必须经过净化和严格的消毒,才可作为生活用水。

5.1.3.2 地下水水质特点

地下水不易受污染,水质较好,一般情况下除做必要的消毒外,不必再净化。但是由于潜水补水较困难,不宜大量使用。

5.1.4 园林给水方式

5.1.4.1 引用式给水方式

园林给水系统如果直接到城市给水管网系统上取水,就是直接引用式给水。采用这种给水方式,其给水系统的构成也就比较简单,只需要设置园内管网、水塔、清水蓄水池即可。引水的接入点可视园林绿地具体情况及城市给水干管从附近经过的情况而定,可以集中一点接入,也可以分散由几点接入。

5.1.4.2 自给式给水方式

在野外风景区或郊区的园林绿地中,如果没有直接取用城市给水水源的条件,就可考虑就近取用地下水或地表水。以地下水为水源时,因水质一般比较好,往往不用净化处理就可以直接使用,因而其给水工程的构成就要简单一些。

5.1.4.3 兼用式给水方式

在既有城市给水条件,又有地下水、地表水可供采用的地方,接上城市给水系统,作为园林生活用水或游泳池等对水质要求较高的项目用水水源；而园林生产用水、造景用水等，则另设一个以地下水或地表水为水源的独立给水系统。这样做所投入的工程费用稍多一些，但以后的水费却可以大大节约。

5.1.5　给水管网的布置形式和布线要求

5.1.5.1　给水管网的布置形式及特点

(1)树枝式管网(见图 5-1(a))。这种布置方式较简单、省管材。布线形式就像树干的分枝，适合用水点较分散的情况，对分期发展的公园有利，但供水保证率差。

(2)环状管网(见图 5-1(b))。这种布置是把供水管网闭合成环，使管网供水能互相调剂。供水可靠性强。但这种布置形式较费管材，投资较大。

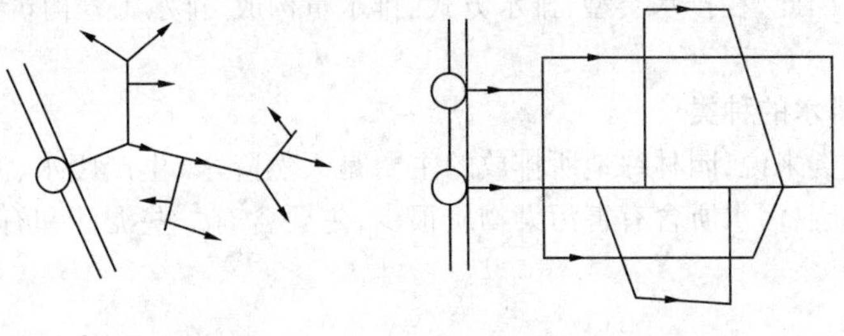

(a)树枝式管网　　(b)环状管网

图 5-1　给水管网基本布置形式

5.1.5.2　管网布置规定及要点

1)管网布置的一般规定

(1)管网埋深合适：冰冻地区，应埋于冰冻线以下 40 cm 处。不冻或轻冻地区，覆土深度不小于 70 cm。不宜过深或过浅，埋深过深工程造价高，但也不宜埋浅，否则管道易遭破坏。

(2)阀门及消防栓：给水管网的交点叫做节点，在节点上设有阀门等附件，为了检修管理方便，节点处应设阀门井。

阀门除安装在支管和干管的连接处外，为便于检修养护，要求每 500 m 直线距离设一个阀门井。

配水管上安装消防栓，按规定其间距通常为 120 m，且其位置距建筑不得小于 5 m，为了便于消防车补给水，离车道不大于 2 m。

2)给水管网布置要点

(1)干管应靠近主要供水点。

(2)干管应靠近调节设施。

(3)在保证不受冻的情况下，干管宜随地形起伏铺设，避开复杂地形和难于施工的地段。

(4)干管应尽量埋设于绿地下，避免穿越或设于园路下。

(5)和其他管道按规定保持一定距离。

5.2 园林排水工程

排水工程的主要任务是:把雨水、废水、污水收集起来并输送到适当地点排除,或经过处理之后再重复利用和排除。园林中如果没有排水工程,雨水、污水淤积园内,将会使植物遭受涝灾,滋生大量蚊虫并传播疾病。这既影响环境卫生,又会严重影响公园里的所有游园活动。因此,在每一项园林工程中都要设置良好的排水工程设施。

5.2.1 园林排水的种类与特点

园林环境与一般城市环境很不相同,其排水工程的情况也和城市排水系统的情况有相当大的差别。因此,在排水类型、排水方式、排水量构成、排水工程构筑物等多方面都有它自己的特点。

5.2.1.1 园林排水的种类

从排水的种类来说,园林绿地所排放的主要是天然降水、生产废水、游乐废水和一些生活污水。这些废、污水所含有害污染物质很少,主要含有一些泥沙和有机物,净化处理也比较容易。

1)天然降水

园林排水管网要收集、输送和排除雨水及融化的冰、雪水。这些天然的降水落到地面前后,要受到空气污染物和地面泥沙等的一定污染,但污染程度不高,一般可以直接向园林水体如湖、池、河流中排放。

2)生产废水

盆栽植物浇水时多浇的水,鱼池、喷泉池、睡莲池等较小的水景池排放的废水,都属于园林的生产废水。这类废水也一般可直接向河流等流动水体排放。面积较大的水景池,其水体已具有一定的自净能力,因此常常不换水,当然也就不排出废水。

3)游乐废水

游乐设施中的水体一般面积不大,积水太久会使水质变坏,所以每隔一定时间就要换水。游乐废水中含污染物不算多,可以酌情向园林湖池中排放。

4)生活污水

园林中的生活污水主要来自餐厅、茶室、商店、厕所、宿舍等处。这些污水中所含有机物较多,一般不能直接向园林水体中排放,而要经过处理后才能排放。另外,做清洁卫生时产生的废水,也可划入这一类中。

5.2.1.2 园林排水的特点

根据园林环境、地形和内部功能等方面与一般城市给水工程情况的不同,可以看出其排水工程具有以下四个主要特点。

(1)地形变化大,适宜利用地形排水。园林绿地中既有平地,又有坡地,甚至还可有山地。地面起伏度大,就有利于组织地面排水。利用低地汇集雨雪水到一处,使地面水集中排除比较方便,也比较容易进行净化处理。地面水的排除可以不进入地下管网,而利用倾斜的地面和少数排水明沟直接排入园林水体中。这样可以在很大程度上简化园林地下管网系统。

(2)园林排水管网的布置较为集中。排水管网主要集中布置在人流活动频繁、建筑物密集、功能综合性强的区域中,如餐厅、茶室、游乐场、游戏池、喷泉区等地方。而在林地区、苗圃区、草地区、假山区等功能单一而又面积广大的区域,则多采用明渠排水,不设地下排水管网。

(3)管网系统中雨水管多,污水管少。相对而言,园林排水管网中的雨水管数量明显地多于污水管,这主要是园林产生污水比较少的缘故。

(4)园林废水的重复使用可能性很大。由于园林内大部分排水的污染程度不严重,因而基本上都可以在经过简单的混凝澄清、除去杂质后,用于植物灌溉、湖池水源补给等方面,水的重复使用效率比较高。一些喷泉池、瀑布池等,还可以安装水泵,直接从池中汲水,并在池中使用,实现池水的循环利用。

5.2.2 园林排水工程的组成

园林排水工程的组成,包括从天然降水、废水、污水的收集、输送,到污水的处理、排放等一系列过程。从排水工程设施方面来分,主要可以分为两大部分:①作为排水工程主体部分的排水管渠,其作用是收集、输送和排放园林各处的污水、废水和天然降水。②作为水体净化的污水处理设施,包括必要的水池、泵房等构筑物。

从排水的种类方面来分,园林排水工程则是由雨水排水系统和污水排水系统两大部分构成的。

5.2.2.1 雨水排水系统

园林中的雨水排水系统不只是排除雨水,还要排除园林生产废水和游乐废水。因此,它的基本构成部分如下:

(1)汇水坡地、集水浅沟和构筑物的屋面、天沟、雨水斗、竖管、散水。

(2)排水明渠、暗沟、截水沟、排洪沟。

(3)雨水口、雨水井、雨水排水管网、出水口。

(4)在利用重力自流排水困难的地方,还可能设置雨水排水泵站。

5.2.2.2 污水排水系统

这种排水系统主要是排除园林生活污水,包括室内和室外部分。其基本构成部分如下:

(1)室内污水排放设施如厨房洗物槽、下水管、房屋卫生设备等。

(2)除油池、化粪池、污水集水口。

(3)污水排水干管、支管组成的管道网。

(4)管网附属构筑物,如检查井、连接井、跌水井。

(5)污水处理站,包括污水泵房、澄清池、过滤池、消毒池、清水池等。

(6)出水口,是排水管网系统的终端出口。

5.2.2.3 合流制排水系统的组成

合流制排水系统只设一套排水管网,其基本组成是雨水系统和污水系统的组合,常见的组合部分如下:

(1)雨水集水口,室内污水集水口。

(2)雨水管渠、污水支管。

(3)雨、污水合流的干管和主管。

(4)管网上附属的构筑物如雨水井、检查井、跌水井、截流式合流制系统的节流干管与污水支管交接处所设的溢流井等。

(5)污水处理设施如混凝土澄清池、过滤池、消毒池、污水泵房等。

(6)出水口。

5.2.3　地面与沟渠排水

5.2.3.1　地表径流的组织与排除

在园林竖向设计中,既要充分考虑地面排水的通畅,又要防止地表径流过大而造成对地面的冲刷破坏。因此,在平地地形上,要保证地面有0.3%～0.8%的纵向排水坡度和1.5%～3.5%的横向排水坡度。当纵坡大于0.8%时,就要检查其是否对地面产生了冲刷,冲刷程度如何。如果证明其冲刷较严重,就应对地形设计进行调整,或者减缓坡度,或者在坡面上布置拦截物,降低径流的速度。

园林工程设计中,应通过竖向设计来控制地表径流,要多从排水角度来考虑地形的整理与改造,主要应注意以下几点:

(1)地面倾斜方向有利于组织地表径流,使雨水能够通过排洪沟或排水渠汇集。

(2)注意控制地面坡度,使之不致过陡。对于过陡的坡地要进行绿化覆盖或进行护坡工程处理,使坡面稳定,也减少水土流失。两面相向的坡地之间,应当设置有汇水的浅沟,沟的底端应与排水干渠和排洪沟连接起来,以便及时排走雨水。

(3)同一坡度的坡面,即使坡度不大,也不要持续太长;太长的坡面使地表径流的速度越来越快,产生的地面冲刷越来越严重。对坡面太长的应进行分段设置。坡面不要过于平整,要通过地形的变化来削弱地表径流流速加快的势头。坡面有所起伏,坡度的陡缓变化不一致,才能避免径流一冲到底,造成地表设施和植被的破坏。

(4)要通过弯曲变化的谷、涧、浅沟、盘山道等对径流的不断拦截,并对径流的方向加以组织,一步步减缓径流速度,把雨雪水就近排放到地面的排水明渠、排水沟或雨水管网中。

(5)对于直接冲击园林内一些景点和建筑的坡地径流,要在景点、建筑上方的坡地面边缘设置截水沟拦截雨水,并且有组织地排放到预定的管渠之中。

5.2.3.2　截水沟与排水沟渠设计

1)截水沟设计

截水沟一般应与坡地的等高线平行设置,其长短宽窄和深浅随具体的截水环境而定。宽而深的截水沟,其截面尺寸可达100 cm×70 cm;窄而浅的截水沟截面则可以做的很小,如摩崖石刻顶上的截水沟,其截面可小到5 cm×3 cm。宽、深的截水沟,可用混凝土、砖石材料砌筑而成,也可仅开挖成沟底、沟壁夯实的土沟;窄、浅的截水沟,则常常开成小土沟,或者直接在岩面凿出浅沟。

2)排水明渠设计

除了在园林苗圃中排水渠有三角形断面之外,一般的排水明渠都设计为梯形的断面。梯形断面的最小底宽应不小于30 cm,沟中水面与沟顶的高度差应不小于20 cm。道路边排水沟渠的最小纵坡坡度不得小于0.2%;一般明渠的最小纵坡为0.1% ~0.2%。各种明渠的最小流速不得小于0.4 m/s,个别地方酌减;土渠的最大流速一般不超过1.0 m/s,以免沟底冲刷过度。由于地面情况的不同,明渠所能承受的最大流速也略有不同(见表5-1)。

表5-1　排水明渠允许的最大流速

明渠类别	允许最大流速 v(m/s)	明渠类别	允许最大流速 v(m/s)
粗砂及贫砂质黏土	0.8	草皮护面	1.6
砂质黏土	1.0	干砌块石面	2.0
黏土	1.2	浆砌块石面或浆砌砖面	3.0
石灰岩或中砂岩	4.0	混凝土	4.0

3)排水盲渠设计

盲渠(盲沟)(见图5-2)是一种地下排水渠道,用以排除地下水,降低地下水位,效果不错。修筑盲沟的优点是:取材方便、造价低廉、地面完好、不留痕迹。在一些要求排水良好的活动场地(如高尔夫球场、一般大草坪等)或地下水位高的地区,为了给某些不耐水的植物生长创造条件,都可采用这种方法排水。

布置盲沟的位置与盲沟的密度要求视场地情况而定。通常以盲沟的支渠集水,再通过干渠将水排除掉。以场地排水为主的,支渠可多设,反之则少设。盲渠渠底纵坡不应小于0.5%,如果情况允许的话,应尽量取大的坡度,以便于排水。

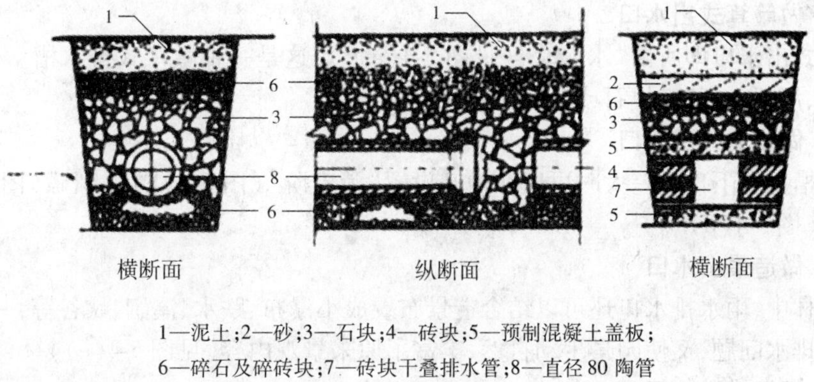

1—泥土;2—砂;3—石块;4—砖块;5—预制混凝土盖板;
6—碎石及碎砖块;7—砖块干叠排水管;8—直径80陶管

图5-2　盲沟的构造

5.2.4　防止地表径流冲刷地面的措施

当地表径流流速过大时,就会造成地表冲蚀。解决这一问题的方式,主要是在地表径流的主要流向上设置障碍物,以不断降低地表径流的流速。这方面的工作可以从竖向设计及工程措施方面考虑。

5.2.4.1　植树种草,覆盖地面

对地表径流较多,水土流失较严重的坡地,可以培植草本地被植物覆盖地面,还可以栽种乔木和灌木,利用树根紧固较深层的土壤,使坡地变得很稳定。覆盖了草本地被植物的地面,其径流的流速能够受到很好的控制,地面冲蚀的情况也能得到充分的抑制。

5.2.4.2　设置"护土筋"

沿着山路坡度较大处,或与边沟同一纵坡且坡面延续较长的地方敷设"护土筋"(见图 5-3(a))。其做法是:采用砖石或混凝土块等,横向埋置在径流速度较大的坡面上,砖石大部分埋入地下,只有 3 ~5 cm 露出于地面,每隔一定距离(10 ~20 cm)放置 3 ~4 道,与道路成一定角度,如鱼翅状排列于道路两侧,以降低径流流速,消减冲刷力。

5.2.4.3　安放挡水石

利用山道边沟排水,在坡度变化较大处(如在台阶两侧),由于水的流速大,容易造成地面冲刷,严重影响道路路基。为了减少冲刷,在台阶两侧置石挡水,以缓解雨水流速(见图 5-3(b))。

5.2.4.4　做"谷方",设消能石

当地表径流汇集在山谷或地表低洼处,为了避免地表被冲刷,在汇水线地带散置一些山石,作延缓阻碍水流用(见图 5-3(c))。这些山石在地表径流量较大时,可起到降低径流的冲力、缓解水土流失速率的作用。所用的山石体量应稍大些,并且石的下部还应埋入土中一部分,避免因径流过大时石底泥土被掏空,山石被冲走。

5.2.5　出水口处理

当地表径流利用地面或明渠排入园林水体时,为了保护岸坡,出水口应做适当的处理,常见的处理方式有 3 种。

5.2.5.1　做簸箕式出水口

簸箕式出水口即所谓"水簸箕"(见图 5-4(a))。这是一种敞口式排水槽。槽身可采用三合土、混凝土、浆砌块石或砖砌体做成。

5.2.5.2　做成消力出水口

排水槽上口下口高差大时可以在槽底设置"消力阶"(图 5-4(b))、礓礤(图 5-4(c))或消力块(图 5-4(d))。

5.2.5.3　做造景出水口

在园林中,雨水排水口还可以结合造景布置成小瀑布、跌水、溪涧、峡谷等,一举两得,既解决了排水问题,又使园景生动自然,丰富了原来景观内容(见图 5-4(e))。

5.2.5.4　埋管成排水口

这种方法在园林中运用很多,即利用路面或道路两侧的明渠将水引至适当位置,然后设置排水管作为出水口(见图 5-5)。排水管口可以伸出到园林水体水面以上或以下,管口出水直接落入水面,可避免冲刷岸边;或者,也可以从水面以下出水,从而将出水口隐蔽起来。

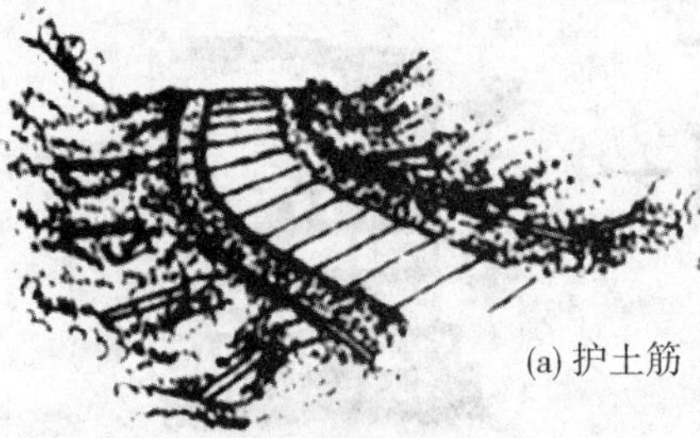
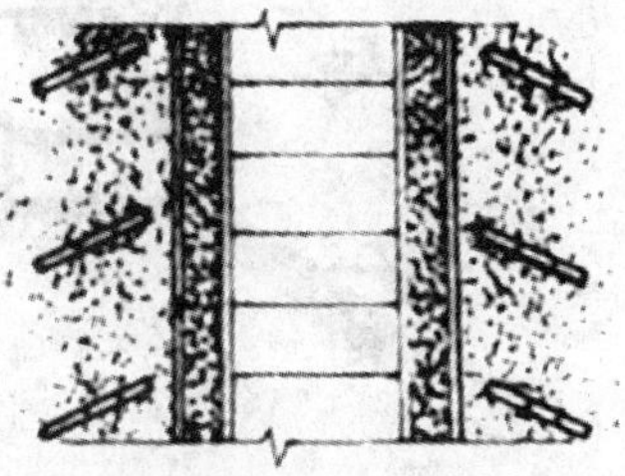

(a) 护土筋

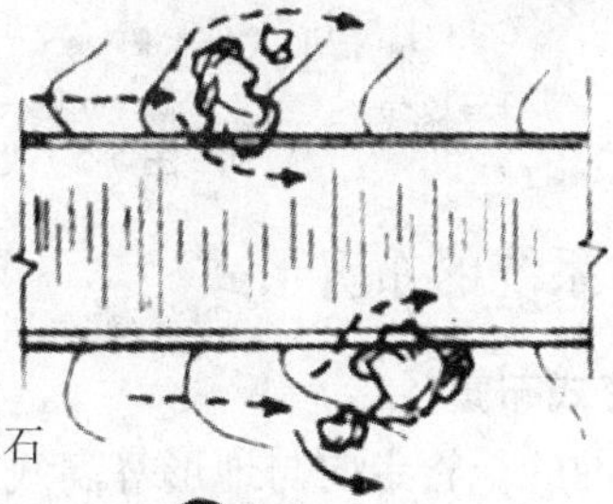

(b) 设挡水石

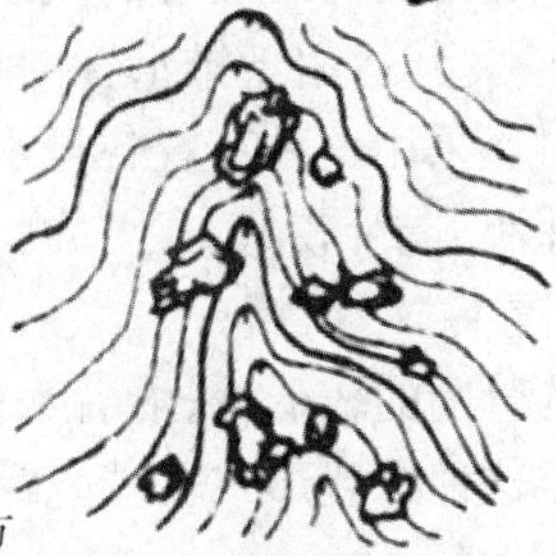

(c) 做谷方

图 5-3　防止径流冲刷的工程措施

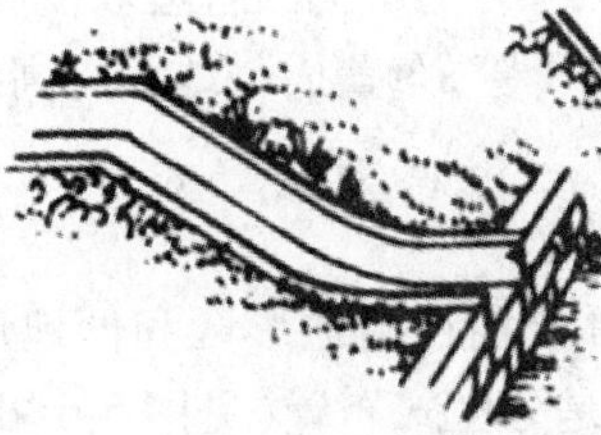

(a) 水簸箕　(b) 消力阶　(c) 礓礤

(d) 消力块　(e) 山石景观出水口

图 5-4　出水口的排水处理

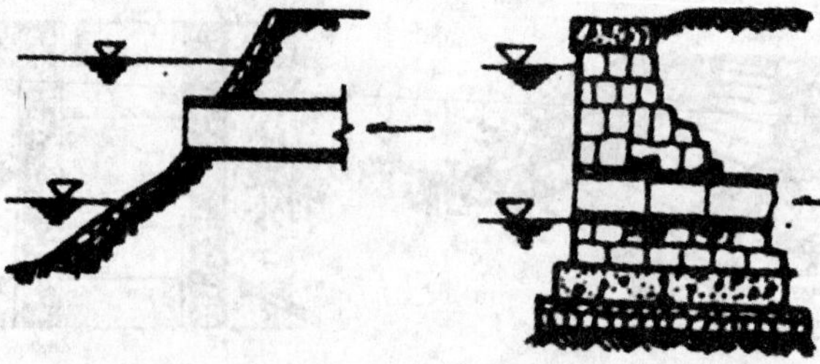

(a) 护坡式排水口　(b) 挡土墙式排水口

图 5-5　埋管排水口示意

5.2.6　排水系统的布置形式

5.2.6.1　正交式布置

当排水管网的干管走向与地形等高线或水体方向大致成正交时,管网的布置形式为正交式(见图 5-6(a))。其适用于排水管网总走向的坡度接近地面坡度时,和地面向水体方向较均匀地倾斜时。采用这种布置各排水区的干管以最短的距离通到排水中,管线长度短、管径较小、埋深小、造价较低。

5.2.6.2　截流式布置

在正交式布置的管网的较低处,沿着水体方向再增设一条截流干管,将污水截流并集中引到污水处理站。这种布置形式可减少污水对于园林水体的污染,也便于对污水进行集中处理(见图 5-6(b))。

5.2.6.3　扇形布置(也可称为平行式布置)

在地势向河流湖泊方向有较大倾斜的园林中,为了避免因管道坡度和水的流速过大,而造成管道被严重冲刷的现象,可将排水管的主干管,布置成与地面等高线或与园林水体流动方向相平或夹角很小的状态(见图 5-6(c))。

5.2.6.4　分区式布置

当规划设计的园林地形高低差别很大时,可分别在高地形区和低地形区各设置独立的、布置形式各异的排水管网系统,这种形式就是分区式布置(见图 5-6(d))。

5.2.6.5　辐射式布置(又叫分散式布置)

在用地分散、排水范围较大,基本地形是向周围倾斜的和周围地区都有可供排水的水体时,为了避免管道埋设太深,降低造价,可将排水干管布置成分散的、多系统的,多出口的形式(见图 5-6(e))。

5.2.6.6　环绕式布置

环绕式布置(见图 5-6(f))是将辐射式布置的多个分散出水口用一条排水主干管串联起来,使主干管环绕在周围地带,并在主干管的低点集中布置一套污水处理系统,以便污水的集中处理和再利用。

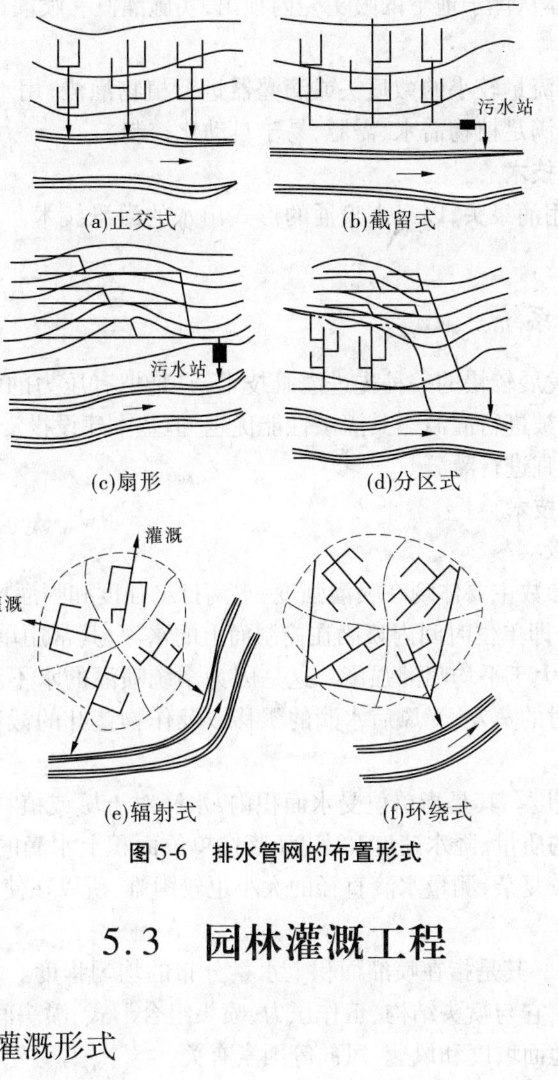

图 5-6　排水管网的布置形式

5.3　园林灌溉工程

5.3.1　常见园林灌溉形式

5.3.1.1　水车拉水，大水漫灌

水车拉水，大水漫灌是传统的灌溉技术。由于能耗高，运行费用高，用水效率低，适用面比较小，现在主要用于道路路旁绿化植物的浇灌。

5.3.1.2　管道输水，皮管浇灌

这种形式一次性投资比水车拉水高，但运行费用低，许多地方仍在采用。缺点是用水效率低下，很难满足植物需水要求，不能实施灌溉自动化，拖拉于地面的管道有时严重影响景观。

5.3.1.3　管道输水，农用摇臂喷头喷灌

采用农用摇臂喷灌园林植物的最大问题是安装喷头的立杆及喷头严重影响景观及维护机具作业。此外，由于立杆及喷头高出地面，受风影响会损失喷洒水量及降低均匀度。

5.3.1.4　地埋自动升降草坪喷灌技术

这种形式采用地埋自动升降草坪专用喷头灌溉。这种喷头安装时埋藏于地下，灌溉

时靠水压将喷头芯体从埋于地下的喷头壳内顶出，实施灌溉。喷灌最适合于草坪灌溉。

5.3.1.5　微灌技术

微灌采用射程、流量较小的微喷头或滴灌器进行植物灌溉，用水效率高，可通过系统施肥提高肥效，易于满足植物需水、需肥，易于自动化控制。

5.3.1.6　涌泉灌溉技术

涌泉灌溉即采用涌泉头，以泉水喷涌的形式出水的灌溉技术。涌泉灌溉在园林上多用于乔木、灌木灌溉。

5.3.2　园林喷灌系统

喷灌是近年来发展较快的一种先进灌溉技术，它是把有压力的水经过喷头喷洒到地面，像降雨一样对植被进行灌溉。其灌溉性能优越，但基本建设投资高，受风的影响较大，超过 3 ~4 级风即不宜进行灌溉。

5.3.2.1　园林喷灌技术

1）喷灌技术参数

园林喷灌技术参数主要体现在喷灌强度、水滴打击强度和喷灌均匀度三个方面。

（1）喷灌强度。即单位时间内喷洒在控制面上的水深，其常用单位“mm/h”。在实际中，计算喷灌强度应大于平均喷灌强度。这是因为系统喷灌的水不可能没有损失地全部喷洒到地面。喷灌时的蒸发、受风后水滴的飘移以及作物茎叶的截留都会使实际落到地面的水量减少。

（2）水滴打击强度。其是指单位受水面积内，水滴对土壤或植物的打击动能，它与喷头喷洒出来的水滴的质量、降水速度和密度（落在单位面积上水滴的数目）有关。由于测量水滴打击强度比较复杂，测量水滴直径的大小也较困难，所以在使用或设计喷灌系统时多用雾化指标法。

（3）喷灌均匀度。其是指在喷灌面积上水量分布的均匀程度。它是衡量喷灌质量好坏的主要指标之一。它与喷头结构、工作压力、喷头组合形式、喷头间距、喷头转速的均匀性、竖管的倾斜度、地面坡度和风速、风向等因素有关。

2）喷头类型的选择

按照喷头的工作压力与射程，可把喷灌用的喷头分为高压远射程、中压中射程和低压低射程三类喷头；而根据喷头的结构形式与水流形状，则可把喷头分为旋转类、漫射类和孔管类三种类型。

（1）旋转类喷头（见图 5-7）。旋转类喷头，又称射流式喷头，其管道中的压力水通过喷头而形成一股集中的射流喷射而出，再经自然粉碎形成细小的水滴洒落在地面，其浇灌范围为圆形或扇形。其喷射水流集中，水滴分布均匀，射程达 30 m 以上，喷灌效果比较好，所以得到了广泛的应用。这类喷头中，因转动机构的构造不一样，又可分为摇臂式、叶轮式、反作用式和手持式等四种形式，还可根据是否装有扇形机构而分为扇形喷灌喷头和全圆周喷灌喷头两种形式。

（2）漫射类喷头（见图 5-8）。漫射类喷头是固定式的，在喷灌过程中所有部件都固定不动，而水流却是呈圆形或扇形向四周分散开。喷灌系统的结构简单，工作可靠，在公园

图 5-7　弹出式旋转喷头

苗圃或一些小块绿地有所应用。其喷头的射程较短(5 ~ 10 m),喷灌强度大(15 ~ 20 mm/h 以上),但喷灌水量不均匀,近处比远处的喷灌强度大得多。

图 5-8　弹出式漫射喷头

(3)孔管类喷头(见图 5-9)。孔管类喷头实际上是一些水平安装的管子。在水平管子的顶上分布有一些整齐排列的小喷水孔。孔径仅 1 ~ 2 mm。喷水孔在管子上有排列成单行的,也有排列成两行的,分别叫做单列孔管和多列孔管。

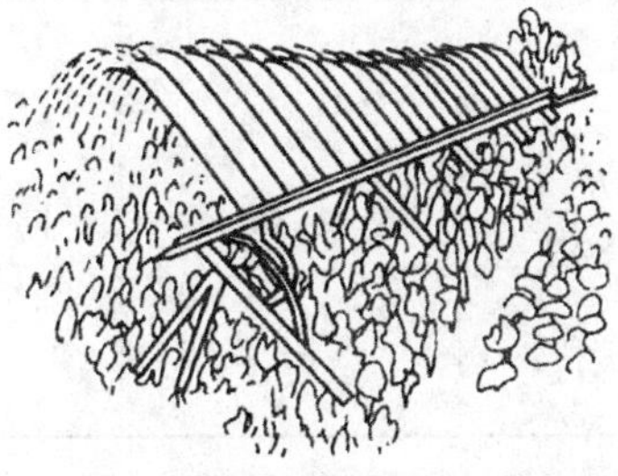

(a) 单列孔管

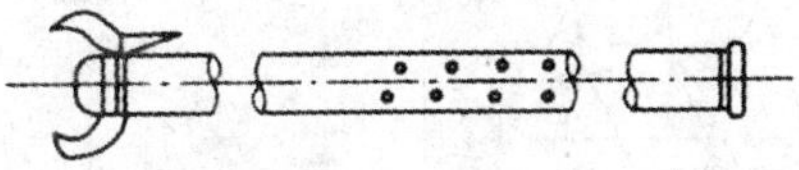

(b) 多列孔管

图 5-9　孔管类喷头

3)喷灌系统喷头布置

喷灌系统喷头的布置形式有矩形、正方形、正三角形和等腰三角形四种。在实际工作中采用什么样的喷头布置形式,主要取决于喷头的性能和拟灌溉的地段情况。如表 5-2 所列四图,就主要表示出喷头的不同组合方式与灌溉效果的关系。

表 5-2　喷头布置形式

序号	喷头组合图形	喷洒方式	喷头间距 L 支管间距 b 与射程 R 的关系	有效控制 面积 S	适用情况
A	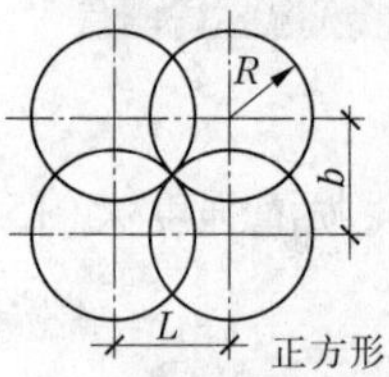 正方形	全圆形	$L=b=1.42R$	$S=2R^2$	在风向改变频繁的地方效果较好
B	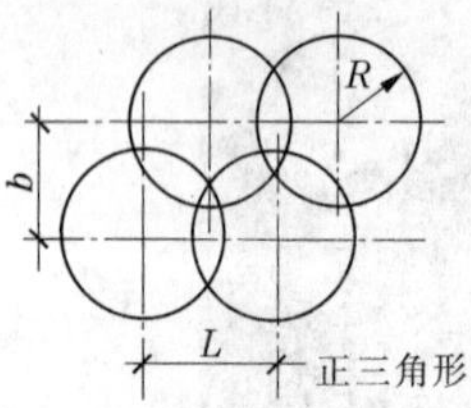 正三角形	全圆形	$L=1.73R$ $b=1.5R$	$S=2.6R^2$	在无风的情况下喷灌的均匀度最好
C	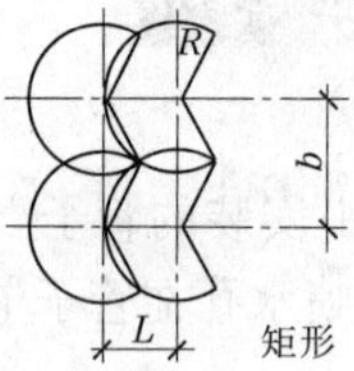 矩形	扇形	$L=R$ $b=1.73R$	$S=1.73R^2$	较 A、B 节省管道
D	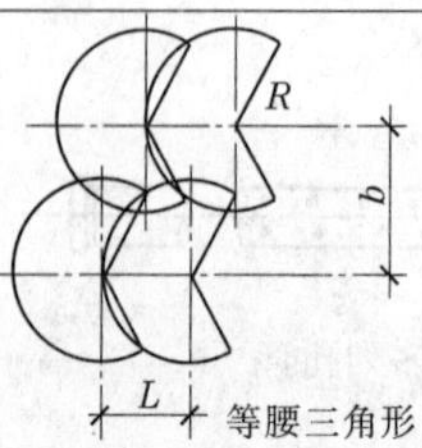 等腰三角形	扇形	$L=R$ $b=1.87R$	$S=1.865R^2$	同 C

5.4　园林照明工程

5.4.1　园林灯光概述

5.4.1.1　人眼的视域

头部不动时，眼睛能看见的范围称为视野或视场。单眼的综合视野水平方向为 160°，双眼为 200°，重叠视野为 120°，垂直方向为 130°（见图 5-10）。人眼对所观察的景象总是习惯将其置于中心视野，但周围环境通常也显示在双眼视场中。通过对人眼及其视野选择的研究,有利于我们处理四周相关的设置。

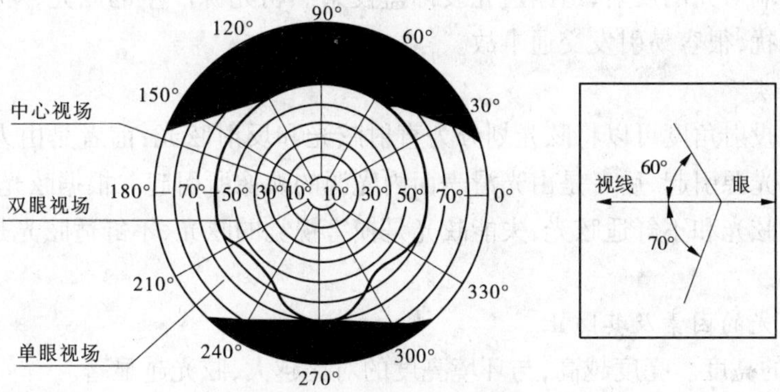

图 5-10　人两眼的正常视场

5.4.1.2　**光色的混合**

光源的色彩是由红、绿、蓝三色组成,色彩的混合是越来越亮,明度增加,彩度减少。人眼对色彩的混合具有综合生理功能。颜色混合定律包括:

(1)每种色彩都有一个补色,两者对比感最强。补色之间的调和可以生成白色或灰色。

(2)光色的混合的总亮度等于组成混合光的单个亮度的总和。

(3)材料的色彩是材料表面选择性反射光谱的结果。

5.4.1.3　**色彩的使用效果**

色彩通过视觉器官为人们感知后,可以产生多种作用和效果,运用这些作用和效果,有助于装饰照明的科学化。色彩的使用效果主要体现在色彩的物理、心理与生理效果等。

(1)色彩的物理效果。具有颜色的物体总是处于一定的环境空间中。物体的颜色与环境的颜色相混杂,可能相互协调或排斥、混合或反射,结果便影响人们的视觉效果,使物体的大小、形状等在主观感觉中发生变化,这种变化称色彩的物理效果,可以用物理单位来表示,即温度感、重量感和距离感等。色彩由前进到后退的排列次序是:红、黄、橙、紫、绿、青。色彩的距离感还与明度有关,明度高的色彩有前进感,反之有后退感。

(2)色彩的心理效果。色彩的心理效果表现在通过视觉的感受以及产生的联想,给人以不同的感受和引发不同的情绪。色彩的联想作用也涉及历史、民族、宗教、风俗习惯的影响。

(3)色彩的生理效果。色彩的生理效果首先表现在于对视觉本身的影响,也就是由于颜色的刺激而引起视觉变化的适应性问题。色彩适应性的原理经常运用到色彩设计中,一般的做法是把器物的色彩的补色作为背景色,以消除视觉干扰,减少视觉疲劳,使视觉器官从背景中得到平衡和休息。正确地运用色彩将有益于身心的健康。

(4)色彩的标识作用。由于人工配置的色彩彩度高,区别于自然的色彩,被广泛地应用于安全标志、警告标志、识别标志、空间导向标志。夜间多为人工色彩,色彩的标识表现为对固有色彩的依赖、色彩的标志作用及其吸热能力和反射率等方面。

5.4.1.4　**眩光**

由于视野中亮度分布或亮度范围的不适宜,或存在极端的对比,以致引起不舒适感觉或降低观察细部及目标能力的视觉现象,称为眩光。眩光是一种欠重视的光污染,如高大建筑的玻璃幕墙对光的反射,道路边光装饰盒夜景照明光源产生的眩光,对路上行人,尤其是司机的干扰,很容易引发交通事故。

1)眩光分类

根据光的投射角度可以将眩光划分为直射眩光和反射眩光,前者是由人正常视野内出现的过亮的光源引起,后者是由光滑表面内光源的映像所引起。根据眩光对人的影响,眩光分为失能眩光和不舒适眩光,失能眩光是损害视觉的眩光,不舒适眩光是引起人体不舒服的眩光。

2)产生眩光的因素及其防止

(1)光源的亮度。亮度越高,与环境亮度的对比越大,眩光越显著。

(2)光源的位置。越接近实体,眩光越显著。

(3)周围的环境。环境亮度越暗,眼睛的适应度越低,眩光越显著。

5.4.2 城市园林景观照明类别

5.4.2.1 庭园照明

一般庭园照明的范围较小,照明器选型要简洁艺术,要让人们有置身于田园之间的感觉。灯杆的高度宜在 2 m 以下,可以在假山草地旁设置埋地灯。对于住宅楼之间的休息庭园,应在道路上下坡、拐弯或过溪涉水之处设置路灯以方便住户。

庭园照明光源宜采用小功率高显色高压钠灯、金属卤化物灯、高压汞灯和白炽灯。室外照明宜选用半截光型或非截光型配光的照明器。当沿道路或庭园小路配置照明时,应有诱导性的排列。

园林小径灯高 3 ~4 m,竖直安装在庭园的小径边,与建筑、树木相衬。照明器的功率不大,要与建筑、雕塑、植物、假山等相和谐,使庭园显得幽静舒适。草坪灯安装在草坪边,通常草坪灯都较矮,外形尽可能艺术化。水池灯的密封性十分好,采用卤钨灯做光源。当点燃时,灯光经过水的折射,会产生出色彩艳丽的光线,特别是照在喷水柱上,人们会被五彩缤纷的光色和水柱所陶醉。

庭园灯的高度可按其 0.6 的道路宽度(单侧布置灯位时)至 1.2 倍的道路宽度(双侧对称灯位时)选取,但不宜高于 3.5 m。庭园灯杆间距可为 15 ~25 m。庭园草坪灯的间距宜为 3.5 ~5 倍草坪灯的安装高度。

5.4.2.2 树木和花卉的照明

树木照明时根据树木形体的几何形状来布灯,必须与树的形体相适应。灯光照亮树木的顶部,可以获得虚无飘渺的感觉;分层次照明不同亮度的树和灌木丛,可以造成深度感。为了不影响观赏远处的目标,位于观看者面前的物体应该较暗或不设照明。同时要求被照明的目标不应出现眩光。

地面上的花坛都是从上往下看的,一般使用蘑菇状的照明器。此类照明器距离地面的高度一般为 0.5 ~1 m,光线只向下照射,可设置在花坛的中央或侧面,其高度取决于花的高度。由于花的颜色很多,所用的光源应有良好的显色性。

5.4.2.3　雕塑的照明

对于5～6 m高的中、小型雕塑，主要是照亮雕塑的全部，不要求均匀，依靠光、影及其亮度的差别，把它的形与体量显示出来，所需灯的数量和灯位，视对象的形状而定。

如果被照的雕塑位于地平高度，并独立于草坪的中央时，照明器最好装得与地面平，以减少眩光（见图5-11(a)）；如果雕塑下面有一底座，照明器应尽量远一些，底座的边缘不要在雕塑的下侧形成阴影（见图5-11(b)）；如果雕塑位于人们行走的地方，照明器可固定在路灯杆上或装在附近建筑物上（见图5-11(c)），必须防止眩光。

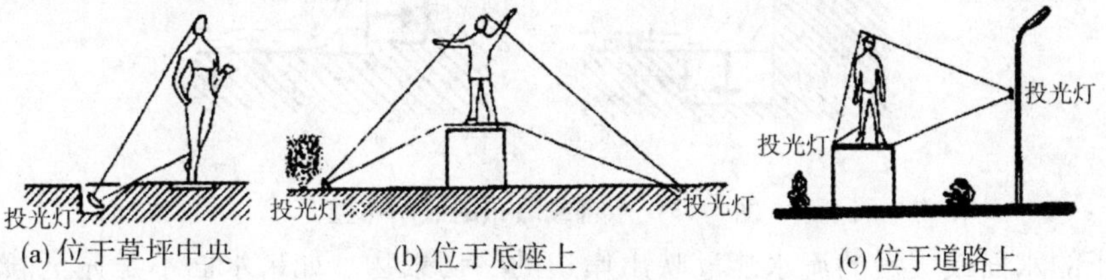

图5-11　雕塑的照明布置

5.4.2.4　旗帜照明

对于装在大楼顶上的一面独立旗帜，在屋顶上应布置一圈投光照明器，圈的大小是旗帜所能达到的极限位置，将照明器向上瞄准，并略微斜向旗帜。根据旗帜的大小以及旗杆的高度，可以采用3～8个宽光束型的投光灯（见图5-12(a)）。旗帜插在一个斜的旗杆上时，应在旗杆两边低于旗帜最低点的平面上，分别安装两只投光照明器，这个最低点是在无风的情况下确定的（见图5-12(b)）。若有一根独立的旗杆，可在旗杆离地面至少2.5 m处，用一圈密封光速灯（PAR）安装在筒形照明器内并向上照射，位置距离下垂旗帜的下端至少0.4 m（无风情况下确定），以防燃烧（见图5-12(c)）。对于一组旗杆上挂有旗帜时，分别用装在地面上的密封光束灯照明每根旗杆，照明器的数量和安装位置取决于所有旗帜覆盖的空间。

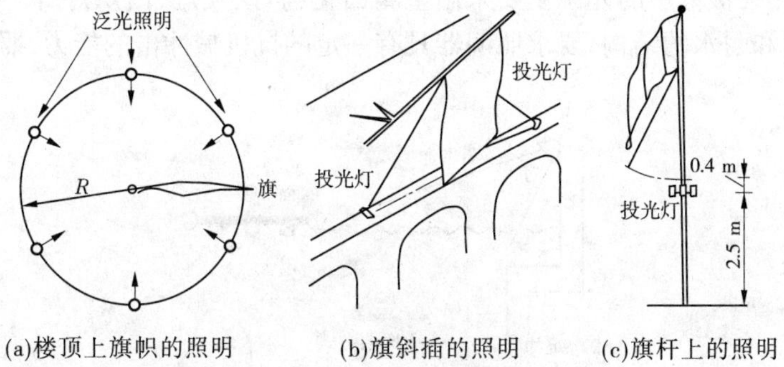

图5-12　旗帜照明

5.4.2.5　水景照明

城市中的喷泉、瀑布、水幕等水景是动态的，而湖泊、池塘是静态的。水幕或瀑布的投光照明器应装在水流下落处的底部。光源的光通量输出取决于瀑布落下的高度和水幕的厚度等因素，也与水流出口的形状造成的水幕散开程度有关（见图5-13(a)）。踏步式水幕的水流慢且落差小，需在每个踏步处设置管状的灯（见图5-13(b)）。照明器投射光的方向可以是水平的也可以垂直向上(见图5-13(c))。

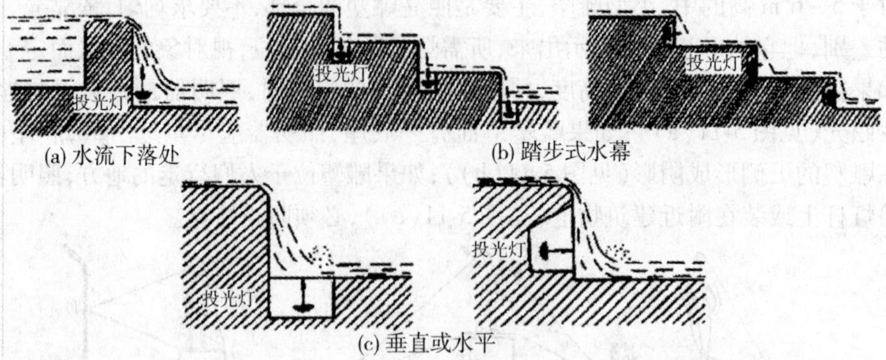

图5-13 水幕或瀑布的照明布置

静止的水面或缓慢的流水能反映出岸边的一切景物。如果水面不是完全静止而是略有些扰动,可采用掠射光照射水面,获得水波涟漪、闪闪发光的感觉。照明器可以安装在岸边固定的物体上,如岸上无法照明时,可用浸在水下的投光照明器来照明。

5.4.2.6 桥的照明

人在桥上看得见的是面向上游和下游两个水面及桥底,照明器放在河岸旁,用扩散的光照亮桥底的拱面。如果桥的长度和高度较大时,可在桥墩上另加照明器来补充照明,用强光照明桥底的拱面,并用略微暗的光照射桥的两侧。桥面较平坦的桥梁,有时可能看不到桥底的拱面,可用线状光源藏在栏杆扶手下,照亮桥面,勾画出桥的轮廓。

5.4.2.7 水下照明

水下照明分为观赏照明和工作照明两种。水下照明的照明器通常被安装在水上、水面和水中(见图5-14)。

观赏照明一般采用金属卤化物或白炽灯作光源。工作照明一般选择蓄电池作为电源的低压光源,作为摄像用的光源主要采用金属卤化物灯、氖灯、白炽灯等。照明器采用具有抗腐蚀作用和耐水的结构,要求照明器具有一定的抗机械冲击的能力,照明器的表面便于清洗。

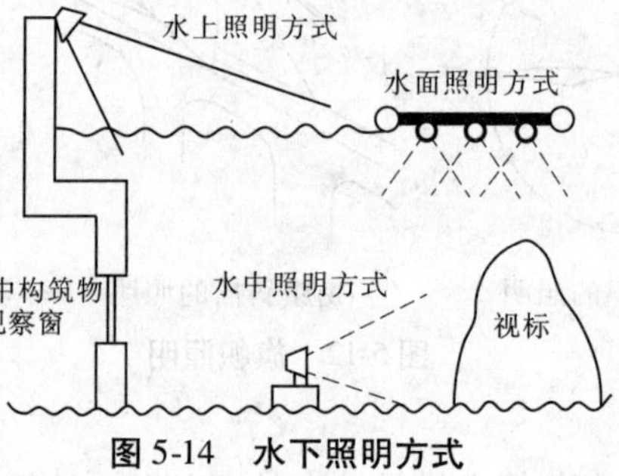

图5-14 水下照明方式

5.4.2.8 喷泉照明

在水流喷射情况下,将投光照明器装在水池内喷口后边(见图5-15(a));或装在水流重新落到水池内的落点下面(见图5-15(b));或在两个地方都装上投光照明器(见图5-15

(c))。由于水和空气有不同的折射率,故光线进入水柱时,会产生闪闪发光的效果。

喷泉照明的照明器一般安装在水下30~100 mm,在水上安装时,应选不会产生眩光的位置,照明器选用简易型照明器。12 V照明器适用于游泳池,220 V照明器适用于喷水池。

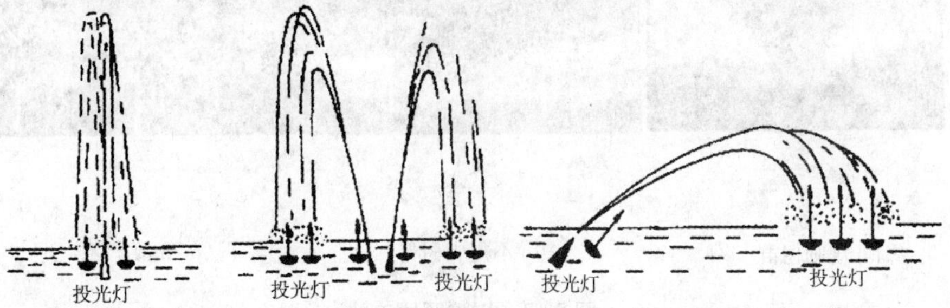

(a) 水池内喷口的后面　(b) 水池落点的下面　(c) 混合方式

图5-15　喷泉照明

5.4.2.9　植物照明

园林景观照明中,植物是唯一有生命的景观,它的颜色和外观随着季节而变化,夜景照明效果要配合植物这种变化,设法使用光源去增强树叶本色。

1)单棵植物的照明方式

单棵植物的照明方式通常有六种:特定方向上照(见图5-16(a)),可以只让人看到某一方向的树形;背光式上照(见图5-16(b)),灯光从树后投射,树木的灯光与阴影结合有剪影效果;下照式(见图5-16(c)),将灯具固定在树冠或树枝中央,透过树叶往下照,地面上会出现枝叶交错的阴影,达到月光效果;全方位上照(见图5-16(d)),将两个以上的灯具置于树下,照亮整个树体,立体感较强,是强调植物整体的照明方式;剪影效果(图5-16(e)),选择植物枝干明晰的植物,将后面的墙面照亮,枝叶成为黑色的影子;轮廓式,用满天星缠绕在树的枝干上,塑造火树银花的节日效果。

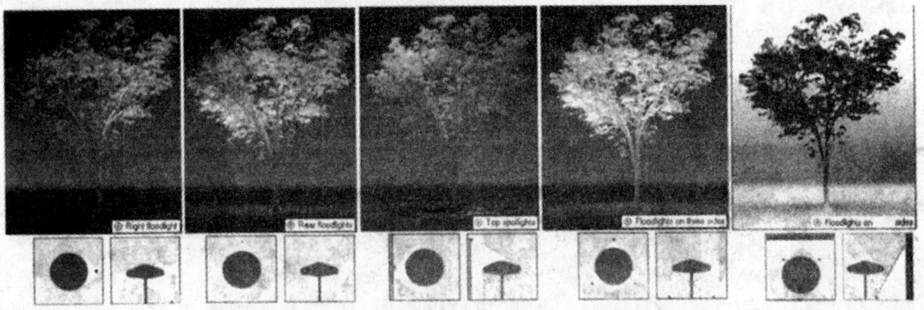

(a) 特定方向上照　(b) 背光式上照　(c) 下照式　(d) 全方位上照　(e) 剪影效果

图5-16　单棵植物(乔木)照明方式

2)树群照明

树群主要有规则树群、不规则树群、庭荫树群等。规则树群是指树群呈规则的行列布置,灯具多以规则的方式布置,形成夜间的景观视觉通道(见图5-17(a));不规则树群,在自然形态的公园或其他场所,树群多以不规则的方式组合,高低错落,表现上多以分散布灯，相对集中成组的方式强调树群的群植效果（见图 5-17（b））；庭荫树群，在有人群进入的种植庭荫广场，灯具布置要将下照式和全方位上照式相结合（见图 5-17（c））。

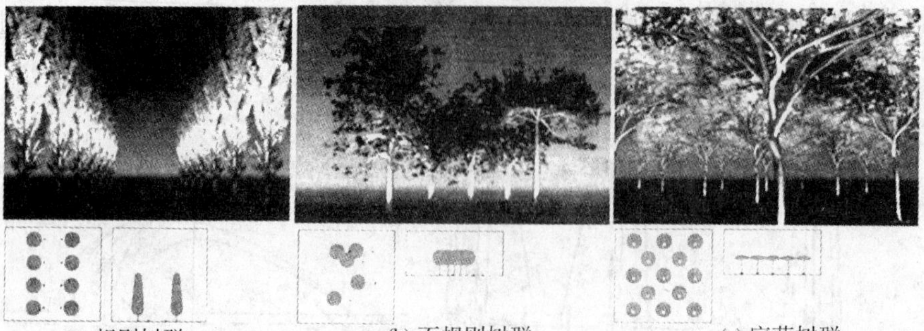

(a) 规则树群　(b) 不规则树群　(c) 庭荫树群

图 5-17　树群照明方式

3）草坪和灌木照明

在夜间环境中对于花坛及低矮植物，由于人们观看的视线是自上向下，所以它们一般采用蘑菇式灯具向下照射，灯具置于花坛中央或侧边，高度视花草而定（见图 5-18）；也有结合园路做扇形照明。

图 5-18　灌木照明

第6章　树木栽植工程

绿化是园林建设的主要组成部分。没有绿色的环境,是不可能称其为园林的。植物是园林绿化的主体,因此植物栽植是园林绿化的基本工程。按照园林工程的施工程序,先理山水、改造地形、辟筑道路、铺装场地、营造建筑、构筑工程设施,而后进行树木栽植工程。树木栽植工程是按照园林植物设计施工图的要求或计划,根据树木的生态特性和栽培技术来完成栽植工程。

本章着重介绍乔灌木种植、大树移植施工工程。

6.1　树木栽植工程概述

6.1.1　园林树木栽植工程特点

园林树木栽植是利用有生命的植物材料来构成空间,这些材料本身就具有"生物的生命现象"的特点,因此植物材料在均一性、不变性、加工性等方面不如人工材料。相反地,由于它有萌芽、开花、结果、叶色、落叶等季节性变化,生长而引起的年复一年的变化以及形态、色彩、种类的多样性等特征,又是人工材料所不及的。充分了解植物材料生长发育的变化规律,以达到人为控制是可能的。例如,依树种不同,树木生长的程度而有所不同,即使是同一树种,也要看树龄、当地条件、人为的情况如何,不能一概而论。因此,了解树木固有的生长程度在栽植时是十分必要的。

6.1.2　树木栽植成活的原理

正常生长的树木,其地上部与地下部之间存在着一定比例的平衡关系。尤其是根系与土壤的密切结合,才使植株能够维持水分和养分代谢的平衡。当植株被掘起后,丧失了大量的吸收根,并且全部或部分地脱离了原来的土壤环境,造成植株体内以水分代谢为主的平衡关系受到一定程度的破坏,严重时会威胁到植株的生存。

植株的成活是多种内外因素综合作用的结果。就植株本身而言,具有关闭气孔等减少蒸腾的自动调节能力;在栽植后根系具有一定的再生能力,在适宜条件下,能逐渐恢复根量,增强吸收能力,维持较低水平的代谢平衡。只是这种自动调节能力的作用有限,而且新根的发生也需要一定的时间。就外部条件而言,起苗、运苗、种植及栽后管理等直接影响植株的成活。另外,其他影响植株生根和蒸腾的内外因素,如树种根系的再生能力、苗木质量和年龄、栽植季节等也与植株的成活有着密切的关系。总之,在栽植过程中,充分发挥植株本身和外部条件的作用,来维持和恢复树体以水分代谢为主的平衡是栽植成活的关键,否则植株就有死亡的危险。

6.1.3 树木栽植期

栽植期是指栽植树木的时间,可以说,终年均可进行移植,特别是在科技发达的今天,更有充分把握做到这点。树木是有生命的有机体,在一般情况下,夏季树木生命活动最旺盛,冬天其生命活动最微弱或近乎休眠状态,因此树木的种植有很明显的季节性,选择树木生命活动最微弱的时候进行移植,才能保证树木的成活。植树的时期应选择在蒸腾量小和有利于根系及时恢复、保证水分代谢平衡的时期。所以,秋季落叶后到春季萌芽前以及雨季(春旱严重区)栽植是比较合适的时期,但多数地区植树集中在春秋两季。什么时候栽树最好,国内外研究者认为秋栽为宜者超过半数,但从实践来看,还应从本地实际考虑,何时成活率高就何时种植。

我国的东北大部和西北北部、华北北部地区纬度较高,冬季严寒,故以春栽为好,成活率较高,还可免除抗寒的措施。春栽的时期,以当地土壤刚化冻,尽早栽植为好,一般在4月上旬至4月下旬(清明至谷雨)前后。在一年中,当植树任务较大时,也可秋栽,一般在树木落叶至土壤尚未封冻之前进行,即9月下旬至10月底左右,但其成活率低于春栽,又需防寒,费工费时。另外,当地耐寒力很强的树种,可利用“冻土球移植法”在冬季进行栽植。

华北大部与西北南部地区的冬季时间较长,有2~3个月的土壤封冻期,春季风多,空气较干燥。由于该地区夏秋雨水集中,土壤质地较轻,一般为厚土,贮水较多,春季土壤水分状况仍好,因此大部分地区和多数树种以春栽为主。有些树种也可以雨季栽和秋栽。春季应从土壤化冻返浆至树木发芽前,3月中旬至4月中下旬进行。多数树种以土壤化冻之后尽早栽植,早栽易成活,扎根深。本地区夏秋气温高,降雨量集中,常绿针叶树种也可在此时栽植,以当地预计降第一次透雨开始或以春梢停长而秋梢尚未开始生长的间隙进行栽植,尽可能缩短移植过程的时间,最好选阴天和降雨前进行。该地区秋冬时节,雨季过后土壤水分状况较好,气温下降,原产本地的耐寒的落叶树以秋季栽植为宜。时间以树种大量落叶至土壤封冻前,10月下旬至12月上旬为好。华北南部冬季气候较暖,适宜秋季栽植的树种较多。

华中、华东、长江流域地区冬季不长,土壤基本不冻结,除夏季酷热干旱外,其他季节雨量较多,特别是梅雨季节,空气湿度很大,除干热的夏季外,其他季节均可栽植。按不同树种可分别进行春栽、梅雨季节栽、秋栽和冬栽。春栽于寒冬腊月过后,树木萌芽前半个月栽。但对早春开花的为不影响开花,则应于花后栽植,对春季萌芽展叶迟的树种以芽萌动时栽植为宜。晚春栽植时要注意天气已较暖,应配合掘前灌足水,随掘、随运、随栽等措施,才易成活。对部分常绿阔叶树,如香樟、柑橘、广玉兰、枇杷、桂花等也可晚春栽植。有时可延迟到4~5月,开始长新叶时栽植。竹类栽植时期因种而异,一般不迟于出笋前一个月。在该地区,落叶树也可晚秋栽植,时期是10月中旬至11月下旬,有时可延至12月上旬。萌芽早的花木等宜秋季栽植。

华南地区四季气温相差不大,年降水量丰富,主要集中在春、夏季。该地区秋季雨量较少,干旱比较明显,树木种类以常绿树为多。栽植季节以春夏梅雨季节为主,但春栽要相应提早,2月就可开始栽植工作,栽植成活率较高。

西南地区冬、春为旱季,夏、秋为雨季。冬春由于干旱,土壤水分不足,气候温暖且蒸发量大,春季成活率不高。其中落叶树可以春栽,但要提早并有充分的灌水条件。夏秋为雨季,延续时间长。该地区海拔较高,气候凉爽,栽植成活率较高,常绿树以雨季栽植为宜。在同一季节中,各树种栽植先后的一般规律为:落叶针叶树—落叶阔叶树—常绿针叶树—常绿阔叶树。

6.2　乔灌木栽植工程

乔灌木栽植是一项时效性很强的系统工程,都要经历起(挖)、运、栽、后期管理四个重要环节。为了提高苗木栽植的成活率,对苗木的保鲜、促新根和保证土壤充足的水分三个关键要抓紧,保持地上与地下的水分平衡,使四个环节紧密配合,做到随起、随运、随栽和适时管理,使各个环节落实到位。

6.2.1　栽植前的准备

6.2.1.1　明确设计意图与树木栽植工程任务

乔灌木栽植是园林绿化工程中的重要组成部分,设计的意图靠苗木的种类、苗木的规格以及苗木的位置来体现。因此,首先要了解设计意图,向设计人员了解设计思想,所达预想的目的或意境,以及施工后所要达到的效果。通过设计单位和工程主管部门了解工程概况,包括:看懂图纸上的所有内容,并听取设计技术交底和主管部门对工程的要求;根据施工期限来安排各种植物的栽植时间;相关的施工技术人员还应向有关部门了解地上物处理要求,地下管线分布现状,并与管线管理部门配合;了解施工现场及附近水准点,以及测量平面位置的导线点,以便作为定点放线的依据,如没有则需要与设计单位确定一下永久性的构筑物,作为定点放线的依据;了解工程材料来源和运输条件及苗木出圃地点、时间及质量。

6.2.1.2　施工现场的准备

依据设计图纸进行施工现场的处理,首先解决现场内外交通、水源、电源情况,保证内外通行机械车辆及后期苗木栽植后的抽水灌溉。其次,清理障碍物。在施工场地上,凡对施工有碍的一切障碍物如堆放的杂物、违章建筑、砖石块等要清除干净。至于现场原有的树木,视具体情况进行适当处理,一般情况下已有树木凡能保留的尽可能保留,非砍除不可的也要慎重。根据设计图纸的要求,将绿化地段与其他用地界限区划开来,整理出预定的地形,或平地或起伏坡地,使其与周围排水趋向一致。如有土方工程,应先挖后垫。洼地填土或去掉大量渣土堆积物后回填土堆时,需要注意对新填土壤分层次夯实,并适量增加填土量,否则一经下雨自行下沉,会形成低洼坑地,加地面下沉后回填土壤,则树木被深埋,易造成死株。现场清理后将土面加以平整。

6.2.1.3　编制施工组织方案

根据对设计意图的了解和对施工现场的踏勘,组织相关技术人员制订施工安排计划。其内容包括:工程概况(包括工程名称,施工地点,参加施工的单位、部门,设计意图,工程的内容、工程任务量,预算投资等);施工组织领导和机构(包括参加施工的单位、部门及负责人,明确施工队伍,确定任务范围,任命组织领导人员,制定有关的制度和要求);施工程序及进度(安排总进度与单项进程,规定起止日期);劳动力计划(制定劳动定额,根据工程任务量计算所需劳力,并计算使用时间及劳动组织形式);制定工程所需的材料、工具及提供材料工具的进度表;制订机械及运输车辆使用计划及进度表;制定栽植工程的技术措施和安全、质量要求;绘出平面图,在图上应标有苗本假植位置、运输路线和灌溉设备等的位置。

6.2.2 定点放线

定点放线是根据设计图纸在现场测出苗木栽植位置和株行距。由于树木栽植方式各不相同,定点放线的方法也有很多种。

6.2.2.1 行道树的定点放线

规则整齐的道路两侧,成行列式规则整齐种植的树木称行道树。行道树要求种植位置准确,尤其是行位必须准确无误。行道树行位按设计的横断面规定的位置放线。放线时以有路牙石为标准,有路牙石的以道路中心线为标准,无路牙石的以道路树穴中心线为标准。用钢尺(或皮尺)定出行位,按设计图规定的株距,大约每 10 株定一木桩,作为行位控制标记,然后用白灰标出单株位置。直线且距离长的道路,首尾用尺量距定行位,中间段可用测竿进行三竿测定位,这样可加快进度。定点放线后应即刻复查标定的树种、数量,并做好记载,挖穴时如发现定点标记模糊不清时须重新放线标定。

6.2.2.2 成片绿地的定点放线

成片绿地的设计图纸内容比较丰富,首先测出所建绿地四周范围、道路、绿地内的建筑设施位置后,再定栽植点的位置。成片绿地的种植设计图有两种类型;一是在图上标明每个种植点的具体方位;另一种是只标明种植位置范围,而不标明单株具体位置,这类主要是指树群或树丛而言,由定点人自己处置。

成片绿地定点放线的具体方法有 3 种:

(1)利用测尺徒手定点放线。放线时应选取图纸上已标明的固定物体(建筑或原有植物)做参照物,并在图纸和实地上量出它们与要栽植植物之间的距离,然后用白灰或标桩在场地上加以标明,依此方法逐步确定植物栽植的具体位置,此法误差较大,只能在要求不高的绿地施工采用。

(2)网格法。适用于范围大而地势平坦的绿地。先在图纸上以一定比例画出方格网,用皮尺、测绳等在地面上按照设计图的相应比例等距离画好正方格(10 m×10 m,15 m×15 m,20 m×20 m 等),方格可用白灰画线,也可钉柱挂绳。这些方格线称做纵横坐标线。这样可以正确地在地面上定点定位,并撒上白灰标明。

(3)交会法。此法适用于面积较小的地段。具体做法是:找出设计图上与施工现场上两个完全符合的基点(如建筑物、电线杆等),量准植树点位与该两基点的相互距离,分别从各点用皮尺在地面上画弧交出种植点位,撒上白灰或钉木桩,做好标记。

树丛花丛放线

(1)丛植苗木的树丛范围线应按图示比例放出。

(2)丛植范围内的植物应将较小的放在前面或四周,较大的放于中间或后面。

(3)自然式栽植的苗木,放线要保持自然,不得等距离或排列成直线。

6.2.3 挖种植穴

植物的栽植均需挖穴。这项工作看似简单,但其质量好坏将直接影响植株的成活和生长,因此必须严格掌握。挖穴的主要方法有两种:一种是人工挖穴,人工挖穴的主要工具是镐和锹;另一种是用挖坑机挖。

挖穴的大小和深浅应遵照设计种植品种的规定,大小各异(见表 6-1、表 6-2)。带土球的穴应比土球大 16 ~ 20 cm,栽裸根苗的穴应保证根系扩展,穴的深度一般比土球高度稍深点(10 ~ 20 cm),挖穴时以定点标记为圆心,按规定的尺寸,先在地面上用白灰或用锹画圆,然后沿圆垂直向下挖掘,挖到规定的深度,上下口要垂直一致,切勿挖成上大下小或上小下大。挖穴的平面形状以便于操作为准,多以圆、方为主,可根据具体情况灵活掌握。挖出的土上下层要分开堆放,如果穴内土质差或瓦砾多,就要清除瓦砾垃圾。在回填时,上层表土因含有机质多应先回填至坑下层养根,而底层生土可填回至坑上层。如栽植绿篱则应挖沟,而不是挖单坑。

种植穴挖好后,有条件时最好施足基肥,腐熟的植物枝叶、生活垃圾、粪尿或经过风化的河泥、阴沟泥等均可以利用,用量为每穴 10 kg 左右。基肥施入穴底后,需覆盖深约 20 cm 的泥土,与新栽植的树木根系隔离,不致因肥料发酵而产生烧根现象。

表 6-1 单株苗木种植穴的规格

乔木胸径(cm)	灌木高度(m)	常绿树高度(m)	穴宽(cm)×穴深(cm)
		1.0 ~ 1.2	50
3 ~ 5	1 ~ 1.5	1.2 ~ 1.5	60 × 40
6 ~ 7	1.6 ~ 1.8	1.6 ~ 2.0	70 × 50
8 ~ 10	1.8 ~ 2.0	2.0 ~ 2.5	80 × 60
	2.0 ~ 2.6	2.5 ~ 3.0	100 × 70
		3.0 ~ 3.5	120 × 80

表 6-2 绿篱栽植规格

苗木高度(m)	单行式(cm × cm)	双行式(cm × cm)
0.8 ~ 1	40 × 30	60 × 40
1.0 ~ 1.2	50 × 30	80 × 40
1.2 ~ 1.5	60 × 40	100 × 40
1.5 ~ 2.0	100 × 50	120 × 50

6.2.4 起苗

起苗又叫挖苗、掘苗。起苗工作进行得好坏,对苗木成活影响很大,起苗质量不好,就会造成损失。

6.2.4.1　起苗的季节

起苗的时间要与植树季节相配合。冬季土壤结冻地区,落叶树种除雨季植树用苗,随起随栽外,一般在秋季苗木生长停止后和春季苗木萌动前起苗。常绿树种的起苗,北方大都在雨季起苗,南方则在秋季气温转凉后的10月或春季转暖后的3~4月及梅雨季节。

6.2.4.2　选苗

苗木的质量好坏是影响成活的重要因素之一。为保证苗木的成活并满足设计的要求,起苗前必须对苗木进行严格的选择,选苗时要选根系发达,侧根须根多而健壮;苗木粗壮,挺直,有一定高度,枝梢木质化程度好,顶芽健壮完整;有一定粗度的树干;无病害和机械损伤的苗木。在选好的苗木上用涂颜色、挂牌、拴绳等方法做出明显的标记,以免误挖,这项工作称为"号苗"。

6.2.4.3　起苗的方法

起苗要达到一定深度,要求做到:少伤侧根、须根,保持比较完整的根系和不折断苗干,不伤顶芽(如萌芽能力弱的针叶树);一般针、阔叶树起苗深度为20~30 cm,扦插苗为25~30 cm。为防止风吹日晒,将掘起的苗木根部加以覆盖或作临时假植。苗圃地如果干燥应在起苗前进行灌溉,待土不沾锹时起苗。

起苗可以分为裸根起苗和带土球起苗两种。

1)裸根起苗

绝大部分落叶树种可进行裸根起苗。挖掘沟离主干稍远一点(不得小于树干胸径的6~8倍),挖掘深度应较根系主要分布区稍深一些,尽可能多保留根系,特别是具有吸收功能的根系。根系的完整和受损程度是决定挖掘质量的关键,树木的良好有效根系,是指在地表附近形成的由主根、侧根和须根所构成的根系集体。在起苗过程中不要用手硬拔,应从根盘规格的外侧环状开沟,铲去表土,然后沿沟壁直挖至规定的深度,待主要侧根全部切断后从一侧向内深挖,但是主根未切断前不得猛力拉摇树干,以免损伤根系。切断主根后用锹掏空土球泥土,注意勿损伤须根,随根土要保留。对规格较大的树木,对骨干根用手锯锯断,保持切口平整,防止主根劈裂有损伤。起苗前如遇天气干燥,应提前2~3 d对苗圃地灌水,使土质变软便于操作,多带根系;起苗后如果不立即栽植,则应假植。

2)带土球起苗

一般针叶树、多数常绿树和少数落叶阔叶树,它们根系不够发达,或是须根少,生长须根和吸收根的能力弱,而蒸腾量却较大,故栽植较难成活,应带土球起苗。名贵树和观赏花灌木起苗时均要带土球,以保证成活。土球直径不小于树干胸径的6~8倍,土球纵径通常为横径的2/3;灌木的土球直径为冠幅的1/2~1/3。为避免土球在挖掘时松散,可在干燥时提前一两天浇透水,增加土壤的黏结力,便于起苗。

起大苗应首先将其枝叶用草绳捆好,减少其体积,便于操作和运输。少数大苗需用草绳将树干包扎好,以免在运输过程中碰伤。

起苗前先剪去主干基部无用枝,并采用护干、护冠措施,再铲去表层土壤,以不伤表层根为度(一般3~5 cm)。在规定土球大小的外周用铁锹垂直下挖,下挖时铁锹向外挖,不允许面向树。切断侧根或须根,达到要求的深度后,向内斜挖。遇到细根用铁锹斩断,胸径3 cm以上的粗根,需要用手锯断根,不能用铁锹斩断,以免震裂土球。在保证土球规格的原则下将土球表面修整光滑,呈上大下小倒卵圆形。土球直径在50 cm以上的,当土球挖好后,应立即用蒲包和草绳进行打包,包装材料要结实,草质包装物必须事先用水浸湿,土球包扎要紧密,土球底部要封严而不能漏。打包形式和草绳的密度,以土球的大小和运输距离而定。土球直径小于40 cm的用一道草绳捆一遍,称橘瓣式包装"单股单轴";土球较大的用一道草绳沿同一方向捆两道腰箍,称"单股双轴";必要时用加一根草绳并排捆两道。(见图6-1)

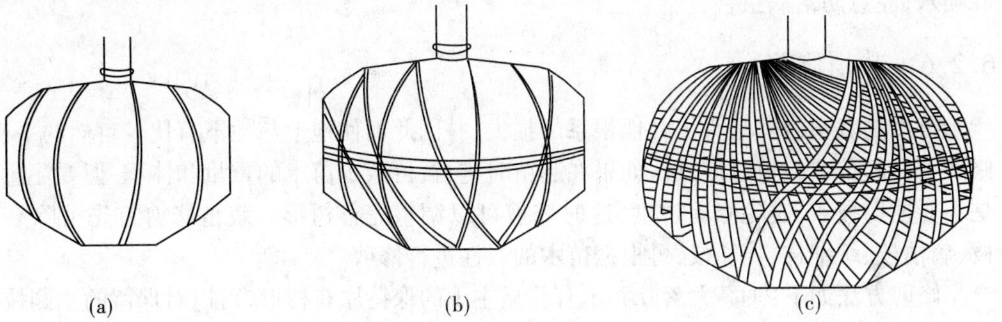

图6-1　土球捆扎法

6.2.5　运苗与假植

苗木的装车、运输、卸车、假植等各项工作,都是影响植物成活的重要环节,"随挖、随运、随栽"对植物的成活率有保障。起苗后装车前应进行粗略修剪,以便于装车运输和减少树木水分的蒸腾。同时要保证树木的树冠、根系、土球的完好,不应折断树枝、损伤根系。

苗木装运前仔细检查苗木质量,淘汰不合格的苗木,补齐所需的数量,附上标签(标签注明树种、年龄、产地),并对树冠进行整理,清除部分过于展开妨碍运输的枝干,松散的树冠捆扎起来。对带土球的树木用松软的草包垫衬,保证土球的稳定性,防止运输时候滚动。较大苗木装车时水平或倾斜放置,根系向前,树梢向后,顺序码放,不要压太紧,土球的苗木其土球小于30 cm时可摆放二层,土球较大时应将土球垫稳,一棵一棵排列紧实。装运灌木苗和高度在1.5 m以下带土球苗可以直立装车,但土球上不得站人或放置重物。苗木装运时,凡是与运输工具、绑缚物相接触的部位均要用草衬垫,避免损伤苗木。

苗木押运人要经常注意遮阳布是否被风吹开。短途运苗最好不要停留,直接到目的地;长途运苗裸露根系易被风吹干,要注意洒水。休息时车应停在阴凉处。苗木运到后要及时卸车,卸时要做到轻拿轻放,并按顺序搬移,不得随意抽拽,裸根苗木也不准整车推卸。带土球苗木在卸时不准提拉枝干,土球较小时,应抱住土球卸,若土球过大时,要用麻绳、夹板做好牵引,在板桥上轻轻滑移或采用吊车卸,勿使土球摔碎。

苗木运到现场后,未能及时栽植或未栽完的,应视距栽植时间长短分别采取假植的措施。假植是树木在定植前的短期保护措施,其目的是保持树木根部活力,维持树体水分代谢平衡。假植地点应设在靠近栽植地点、排水良好、凉阴背风处。裸根苗的临时放置,用草袋盖好；干旱风多的地区在栽植地附近挖浅沟，苗木倾斜放置，土埋住根系，依次排列假植。如果假植时间较长，在不影响施工的地点挖宽1.5～2.0 m、深0.3～0.5 m、长度根据假植苗木定，按品种分类放置。树木逐株单行紧挨斜排在沟内，倾斜角度在30°～45°，树梢顺主风向，根部逐层覆土，将根部埋实；并浇水保湿。带土球假植如果在1～2 d可栽完就不必假植；1～2 d内栽不完可将苗木直立，集中放在一起，应在四周培土至土球高度的1/3左右夯实，苗木周围用绳子系牢或立支柱。假植期间要加强养护管理，防止人为破坏。应适量浇水保持土壤湿润，但水量不宜过大，以免土球松软，晴天还应对常绿树冠枝叶喷水，注意防治病虫害。

6.2.6　栽植修剪

苗木的栽植修剪是为了补偿根系的损失，并因此而使地上与地下有比较自然的平衡。修剪可在起苗或栽植时进行。如果在起苗时进行，可减少苗木的重量和体积，但要注意的是不要损伤枝条，避免修剪过度，这时修剪可以调整完善树形。栽植修剪首先剪除衰老枝、病枯枝、纤细枝、徒长枝，再根据苗木的习性进行修剪。

修剪方法如下：①高大落叶乔木有明显主干的保持原有树形，可以对保留的主侧枝延长至在健壮芽上短截，可剪去枝条1/5～1/3。②无明显主干，胸径在5 cm以下需继续提高主干高度的乔木，应在树顶选择一根较直立的枝条，用竹、木棍将其捆绑扶正使其直立生长，通过修剪控制与主枝竞争的侧枝，使主枝直立生长。同时控制附近的枝条生长。③带土球移植的常绿阔叶树，除对损伤的枝条进行修剪外，只能对树冠轻剪或不剪；可在保持原有树形和姿态时适当疏枝摘叶；中、小规格的常绿树移栽前一般不剪或轻剪；栽植前只剪除病虫枝、枯死枝、生长衰弱枝、下垂枝等。④对萌芽力较强的部分阔叶树，如悬铃木、香樟等，为提高栽植成活率、减小土球，可只留骨干枝桩或截冠栽植。⑤常绿针叶树由于萌芽力较差一般不宜修剪，只能疏枝、疏侧芽，不得短截和疏顶芽；只剪病虫枝、枯死枝、过密的轮生枝和下垂枝。⑥作为行道树的乔木，定干高度一般在保证2.0～3.0 m时，第一主枝以下枝条全部剪除，分枝点以上的枝条可以疏剪或短截，并保留原树形。⑦对灌木类苗木一般多在移栽后进行修剪，对萌发枝强的花灌木，常短截修剪，一般保持树冠成半球形、球形、圆形等。根蘖萌发力强的灌木，常以疏剪老枝为主，短截为辅，疏枝修剪应掌握树冠内高外低、外密内稀的原则，以利通风透光，但丁香树只能疏不能截。作为绿篱的灌木可根据设计要求整形修剪；攀缘类和蔓性苗木可剪除过长的部分。

6.2.7　定植

定植是根据设计要求，对树木进行定位栽植的行为。定植后的树木，一般在较长时间内不再被移植。定植分为散苗和栽苗两道工序。

6.2.7.1　散苗

将苗木按设计图纸或定点桩，散放在定植穴旁边，称散苗。散苗时注意：

（1）应对苗木进行核对分类，以避免栽植中的混乱出错，影响设计效果。带土球的苗木可置于坑边，裸根苗就直接下置于坑内。

（2）对树木进行质量分级，要求苗木健壮、根系完整、芽体饱满、皮色光泽，无病虫害，对弱小、有伤质量差的苗木淘汰。

(3)保护苗木植株与根系不受操作损伤,带土球的常绿苗木要轻拿轻放。减少苗木暴露时间。远距离运输来的裸根苗木,若因途中失水较多,应浸根一夜,等根系充分吸水后再进行栽植。

(4)作为行道树、绿篱的苗木按高度等级排列,以保证邻近苗木规格基本一致。

(5)在假植沟内取苗时按顺序进行,暂时不用的剩余苗木根部埋严。

6.2.7.2 栽苗

散苗后将苗木放入坑内扶直,提苗到适宜的深度,分层埋土压实、固定的过程称为栽苗。

1)按设计定植

按设计方案要求的树种、规格、数量进行定位栽植,若发现问题可立即调整。

2)规则式栽植

(1)树干定位必须横平竖直,树干应在一条直线上。树形及长势好的一面朝向主要观赏方向,如果树干有弯曲,其弯向朝向当地的主风方向。

(2)相邻近苗木规格(干径、高度、冠幅、分枝点)应要求一致,或相邻树高度不超过50 cm,胸径不超过1 cm。

(3)栽植时最好先选定标杆树,然后以标杆树为瞄准的依据,三点连成一线,全面开展定植工作。

(4)植物栽植时要保持苗木端正、上下垂直,不得倾斜,并尽量照顾到原生长地时所处的阴阳面。

3)丛植苗木定植

(1)树木高矮、干径及体量大小要搭配合理,合乎自然要求。

(2)从四面观赏的树丛,要将高的苗木定植中间或根据需要偏于一边,矮的苗木定植四周。

(3)从三面观赏的树丛,高的苗木定植在后,矮的苗木定植在前。

4)栽植方法

(1)苗木栽植深浅程度:

苗木的栽植深度因苗木种类、土壤质地、地下水位和地形地势而异。一般发根(包括不定根)能力强的苗木(如杨、柳、杉木等)和穿透力强的树种(如悬铃木、樟树等)可适当深栽;榆树可浅栽。

一般栽植裸根苗,根颈部位易生不定根的树种时,或遇栽植地为排水良好的沙壤土,均可适当栽深些,其根颈(原土痕)处低于地面5~10 cm,坑过浅要加深,并在坑底垫10~20 cm的疏松土壤,踩实后栽植。

带土球苗木、灌木或栽植地为排水不良的黏性土壤均不得深栽,根颈部略低于地面2~3 cm或平于地面。

常绿针叶树和肉质根类植物,土球入土深度不应超过土球厚度的3/5。在黏性重、排水不良地域栽植时其土球顶部至少应在表土层外,栽后对裸露的土球应填土成土包。

(2)带土球苗栽植方法:

带土栽植泛指树木根系带有原生长基质的栽植方法。

带土球苗木吊放树穴时,应选择树冠最佳面为主要欣赏方向,必须一次性妥善放置到树穴内,将苗扶正。如需要转动时。须使土球略倾斜后,慢慢旋转,切勿强拉硬扯造成土球破损。一切栽植方向和深度的调整都应在包扎物拆除之前进行。

土球放置树穴后,要全部剪开土球包装物,尽量取出,使土球泥面与回填土密切结合。

带土球苗栽植前,应先将表土(营养土)填入靠近土球部分,当填土 20 ~30 cm 时应踏实一次,大型土块要敲碎,将细土分层填入逐层脚踏或用锹把土夯实,注意不要损伤根或土球。

栽植后与设计图纸详细核对,确认没问题后将捆绕树冠的草绳解开,使枝条舒展。

(3)裸根苗栽植方法:

裸根苗木入坑前,先将表土(营养土)填入坑穴至一个小土包,以便裸根苗木放入树穴后根系自然伸展。

裸根苗木栽植前必须将包装物全部清出坑外,避免日后气温升高,包装材料腐烂发霉。

栽植裸根苗木时,在回填土回填至一半时,须将树苗向上稍微提一下,以便使根颈处与地面相平或略低于地面,用脚踏实土壤。

(4)支架及保护器:对新栽树木支架是为了保护树木不受机具、车辆和人为的损伤,固定根系,防止被风吹倒并使树干保持直立状态。

缠干:对新植树木用草绳缠干,其高度为 1.3 m。

立支柱:栽植树冠较大的乔木,应立支柱支撑。

保护器:城市道路行道树、停车场及庭院地坪单株树木,为防止人为践踏和机械碰撞,应在树穴上安装镂空的铸铁或水泥盖板,并在盖板上配支架保护单株树木。同一条道路上的保护器应做到规格一致,整齐、结实、美观,不影响交通。

围堰:树苗支架完成之后沿树坑外缘开堰。在树穴周围用土筑成高 20 ~25 cm 的土围子,其内径要大于树穴直径,围堰要筑实,围底要平,用于浇水时挡水用。

6.2.8　栽植后的养护管理

6.2.8.1　**浇水**

一般在树木栽植前或栽植期间不应浇水,否则会造成栽植操作困难,妨碍踩紧踏实,使土壤成块,在干燥后不易打碎。因此,应在栽植完后浇水。

(1)不要频繁少量浇水。这样浇水只能湿润地表几厘米内的土层,诱使根系靠地表生长,降低树木抗旱和抗风能力。不要超量大水灌溉,否则不但赶走了根系正常发育的氧气,影响生长,而且还会促进病菌发育,导致根腐,也浪费水资源。因此,树木根系周围的土壤,即要坚持保湿,又不应饱和。

(2)移栽苗木定植后必须浇足三次水,第一次要及时浇透定根水,渗入土层约 30 cm 深,使泥土充分吸收水分与根系紧密结合,以利于根系的恢复和生长;第二次浇水应在定根后 2 ~3 d 进行;再相隔 10 d 左右浇第三次水,并灌足灌透,以后可根据实际情况酌情浇水。

(3)新移植的常绿树除了对根部浇水外,还要多树冠和叶片喷水,以减少树体蒸腾而失水。

(4)灌溉水以自来水、井水、无污染的湖和塘水为宜。为节约用水,化验后不含有毒物质的工业废水、生活废水也常作为灌溉用水。

(5)在灌水时,切忌水流量过大,冲毁围堰,如发生土壤下陷、树木应及时扶正培土。

(6)三遍水之后,待充分渗透,用细土封堰,填土20 cm,保水护根以利成活。

6.2.8.2 扶苗

移植苗经灌水或较多的降雨后,常有倒伏现象,如发生这种现象后,应立即将苗木扶正,需要支架的进行捆绑,否则苗木容易长弯、变形。扶苗时,可将苗根附近的土挖开,将苗木扶直,然后填土踩实或夯实。

6.2.8.3 围护

苗木定植后要加强管理,避免人为损坏。没有围护条件的地方也必须派人巡查看护,防止人为和畜禽的破坏。

6.2.8.4 复剪

定植的苗木一般都应该加以修剪,定植后还要对受伤枝条和栽前修剪不理想的枝条进行复剪。

6.2.9 验收和移交

栽植工程完成后,请甲方单位或有关部门检查验收,交付使用。验收合格的标准主要是是否符合设计意图和苗木的成活率。

设计意图是通过设计图纸直接表达的,施工人员必须按图施工,如有变动应填写变更通知单,并说明原因。成活率是验收合格的另一项指标。成活率就是定植后成活的苗木株数与定植总株数的比例。

经过竣工验收合格后,签订验收合同并移交给甲方单位或养护单位进行正式的养护管理工作。

6.3 大树移植工程

大树移植工程是指对胸径为10 cm以上,树高4 m以上的大型树木的移栽工作。这是在城市绿化中,为了提高树木的造景效果而经常采用的重要技术措施。大树移植能在最短时间内改善环境景观,较快地发挥园林树木的效益。

6.3.1 大树移植前的准备工作

6.3.1.1 选树

1)树相选择

树种不同,形态各异,因此它们在绿化上的用途也不同。如行道树,应选择干直、冠大、分枝点高,有较好遮阴效果的树体;而庭院观赏树中的孤立树,就更要讲究树姿造型。如在树林内选择时,必须在疏密度不大的林分中选最近5~10年生长在阳光下的树木,过密林分中的树木受光较少,移植到城市绿地后不易成活,树形不美观,景观效果不好。应选择树体生长正常、无病虫害及未受损伤的树木。

2) 立地选择

首先应考虑树木原生地的立地条件,并对大树周围的立地环境做详细考察,根据土壤质地、土层厚薄、可带土球的大小、调运机械进出的通道、周边障碍物的有无等。移植地的地势应平坦或坡度不大,过陡的山坡,树木根系分布不正,不易操作而且易伤根,突起不易完整,因而应选择便于施工处的树木,方便起运机械到达。栽植地点的立地状况和施工条件,尽可能与树木原生地的立地环境条件相似,以便于施工养护。

3) 标记登记

对移植的大树进行实地调查,选定的大树,用油漆在树干胸径处做出明显的标记,以识别选定的单株和生长朝向。对树种、年龄时期、干高、干径、树高、冠径、树形,进行测量记录,注明最佳观赏面的方位并摄影。

6.3.1.2 缩坨断根

缩坨断根也称回根法,古称盘根法。适用于一些大树或一些具有较高观赏价值的树木的移植,一般是在移植前 1 ~ 3 年的春季或秋季,以树干为中心,2.5 ~ 3 倍胸径为半径或以较小于移植时土球尺寸为半径画一个圆或方形,再在相对的两面向外挖 30 ~ 40 cm 宽的沟(其深度则视根系分布而定,一般为 50 ~ 80 cm),对较粗的根应用锋利的锯或修枝剪,齐平内壁切断,如遇到直径 5 cm 以上的粗根,为防大树倒伏一般不切断,而在土球外壁处进行环状剥皮(宽约 10 cm)后保留,并涂抹 0.001% 的生长素(萘乙酸等)在切口处,以促发新根。然后用沃土(最好是沙壤土或壤土)填平,分层踩实,定期浇水,这样便会在沟中长出许多须根。到第二年的春季或秋季再以同样的方法挖掘另外相对的两面,到第三年时,在四周沟中均长满了须根,这时便可移走(见图 6-2)。挖掘时应从沟的外缘开挖,断根的时间可按各地气候条件有所不同。在气温较高的南方,有时为突击移植,在第一次断根数月后,即起挖移植。

6.3.2 大树预掘的方法

6.3.2.1 大树的修剪

修剪是大树移植过程中,对地上部分进行处理的主要措施,修剪枝叶是修剪的主要方式,凡病枯枝、过密交叉徒长枝、干扰枝均应剪去。修剪量也与移植季节、根系情况有关。当气温高、湿度低、带根系少时应重剪;而湿度大、根系也大时可适当轻剪。此外,还应考虑到功能要求,如果要求移植后马上起到绿化效果的应轻剪,而有把握成活的则可重剪。在修剪时,还应考虑到树木的绿化效果。如毛白杨作行道树时,就不应砍去主干,否则树梢分叉太多,改变了树木固有的形态,甚至影响其功能。除修剪枝叶的方法外,有时也采取摘叶、摘心、剥芽、摘花摘果、刻伤和环状剥皮等方法。

6.3.2.2 编号定向

编号是当移栽成批的大树时,为使施工有计划地顺利进行,可把栽植坑及要移栽的大树均编上一一对应的号码,使其移植时可对号入座,以减少现场混乱及事故。定向是在树干上标出南北方向,使其在移植时能保持它按原方位栽下,以满足它对蔽荫及阳光的要求。

6.3.2.3 清理现场及安排运输线路

在起树前,应把树干周围 2 ~ 3 m 以内的碎石、瓦砾堆、灌木丛及其他障碍物清除干

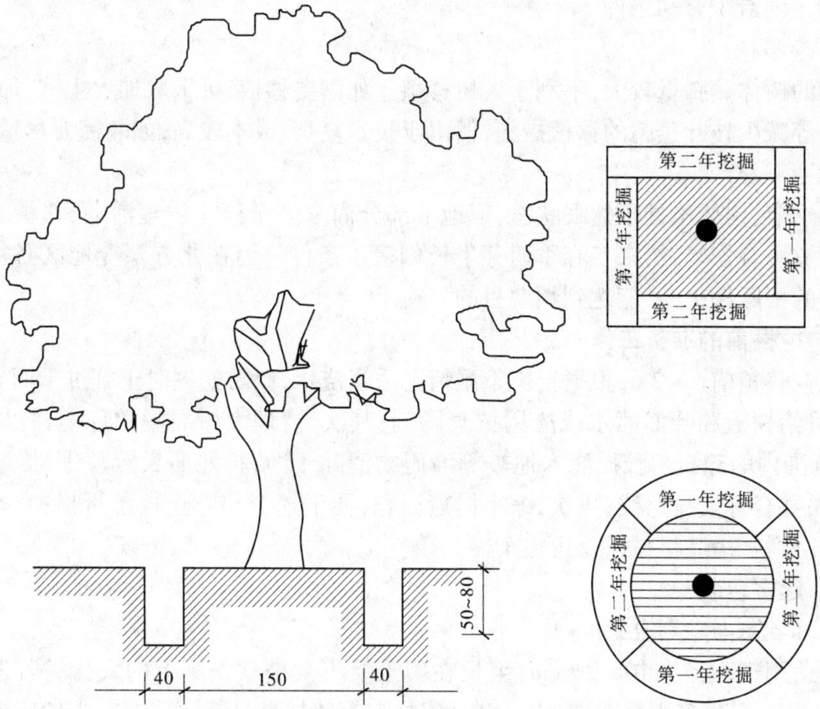

图6-2 大树缩坨断根法 (单位:cm)

净,并将地面大致整平,为顺利移植大树创造条件。然后按树木移植的先后次序,合理安排运输路线,以使每棵树都能顺利运出。

6.3.2.4 支柱、捆扎

为了防止在挖掘时由于树身不稳、倒伏引起工伤事故及损坏树木,因而在挖掘前应对需移植的大树进行支柱,一般是用3根直径15 cm以上的大戗木,分立在树冠分支点的下方,然后再用粗绳将3根戗木和树干一起捆紧。戗木底脚应牢固支持在地面,与地面成60°左右。支柱时应使3根戗木受力均匀,特别是避风向的一面。戗木的长度不定,底脚应立在挖掘范围以外,以免妨碍挖掘工作。

6.3.2.5 工具材料的准备

包装方法不同,所需材料也不同。

6.3.3 大树移植工程施工技术

6.3.3.1 移植的时间

如果挖掘的大树带有大而完整的土球,在移植过程中严格执行操作规程,移植后精心养护,任何时期都可以进行大树移植。但在实际中,选择最佳的移植时间,不仅可以提供移植成活率,而且可以降低移植成本,也便于日后养护管理。

1)春季移植

早春是大树移植的最佳时期,这个时期枝叶开始萌芽生长,挖掘时损伤的根系容易愈合、再生。移植后,经过早春到晚秋的正常生长,树体移植时受伤的根冠已基本恢复,给树体安全越冬创造了有利条件。

2）夏季移植

夏季的树体蒸腾量较大，不利于大树移植。如需要移植，可采取加大土球、加强修剪、树体遮阳等减少枝叶蒸腾的移植措施，但由于技术复杂、成本较高，如非需要尽量避免。

3）秋冬移植

秋冬季节，树体虽处于休眠状态，但地下部分尚未完全停止生理活动，移植时被切断的根系能够愈合恢复，给来年春季萌芽生长创造了条件。但在北方寒冷地区必须加强对移植大树的根际保护，才能达到预期目的。

6.3.3.2　挖掘前的准备工作

首先在移植前1～2 d，根据土壤干湿情况适当浇水，以防挖掘时土壤过干而导致土球松散，也可给树冠和叶面喷水或应用抗蒸腾剂；其次，清理大树周围的环境，将树干周围2～3 m范围内的碎石、瓦砾、灌木地被等障碍物清除干净，将地面大致整平，为顺利移植提供条件，并合理安排路线；再次，缩小树冠面积，便于挖掘和防止枝条折损；准备好挖掘工具、包扎材料、吊装机械以及运输车辆。

6.3.3.3　起掘包装

1）土球挖掘与软材包装

一般适用于胸径为10～20 cm，生长在壤土及不太松软土壤上的大树。若带土直径不超过1.3 m，土球多用草绳、麻袋、蒲包、塑料布等软材料包装。挖掘时先按应保留土球的直径，绕树画一圆圈。为防止出现假土球，先以不伤根为准，铲除表层浮土，再绕外圆开沟。沟宽多为60～80 cm，这样便于操作；沟深多为60～90 cm，一般以根系密集层以下为准。挖掘时，凡露出根系直径在3 cm以上者，用手锯切断；小根用利铲截断或剪除。切口要平滑，大伤口要涂漆防腐。在挖掘过程中，应随时挖沟随时修整成合适的形状。当沟挖至要求深度时，再向土球底部中心掏挖。土球直径在50 cm以上，应留中心土柱，便于包扎。在修土球根群以上的表土和掏挖土球下的底土时，必须先打腰箍，再将无根的表土修成凸弧形。在整个挖掘、修整中防止土球破裂。

打腰箍在土球挖掘到所需深度并修好土柱后进行（见图6-3）。开始时，先将草绳一端压在土柱横箍下，然后一圈圈横扎。包扎时用力拉紧草绳，使草绳嵌入土球而不致松脱，每圈草绳紧接相连，至最后一圈时，将绳头压在该圈的下面，收紧后切除多余部分。腰

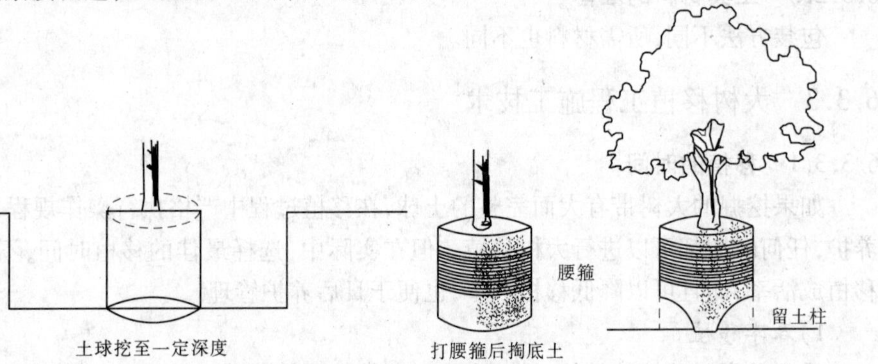

图6-3　土球的挖掘与打腰箍

箍包扎宽度依土球大小而定，一般从土球上部 1/3 处开始，围扎土球全高 1/3。在腰箍打好后铲去土球顶部浮土，再在腰箍以下向土球底部中心掏土，直至留下 1/4 ~ 1/3 的土柱为止，然后再打花箍。打花箍的形式常用的有橘子包、井字包和五角包（见图 6-4）。运输距离较近，土壤又较黏重，则常采用井字包和五角包的形式；比较贵重的树木，运输距离较远而土壤的沙性又较强时，则常用橘子包的形式。

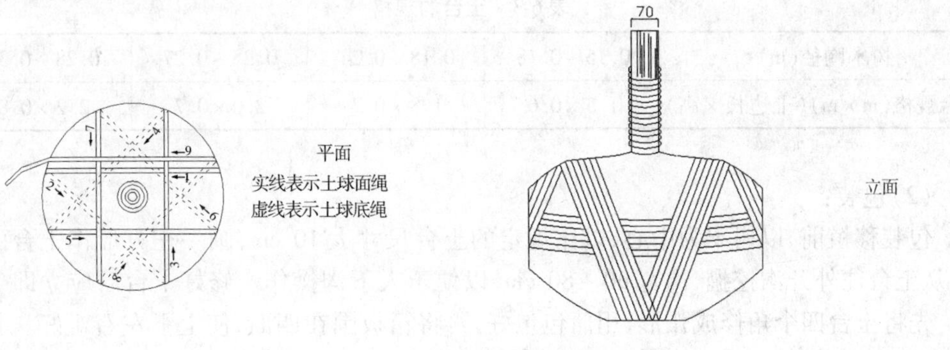

（a）井字式包扎法示意图

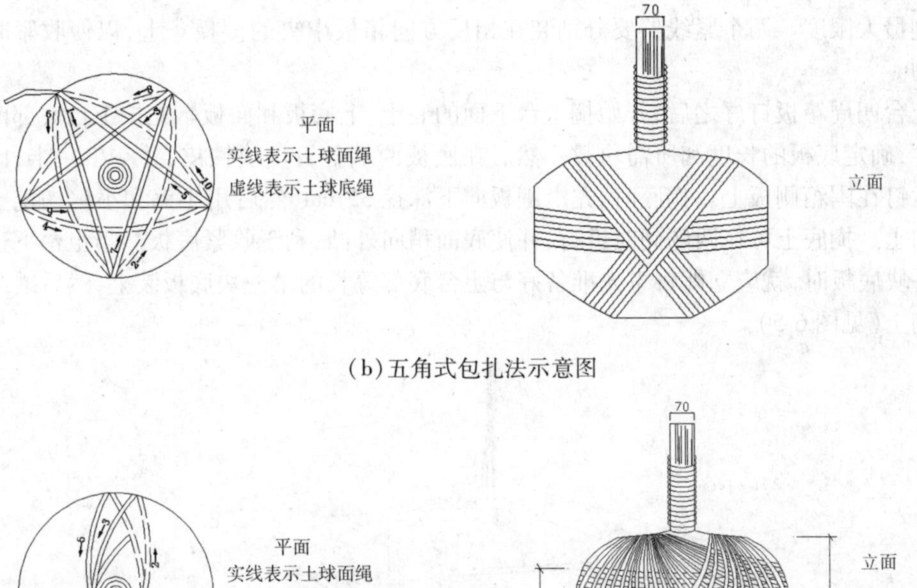

（b）五角式包扎法示意图

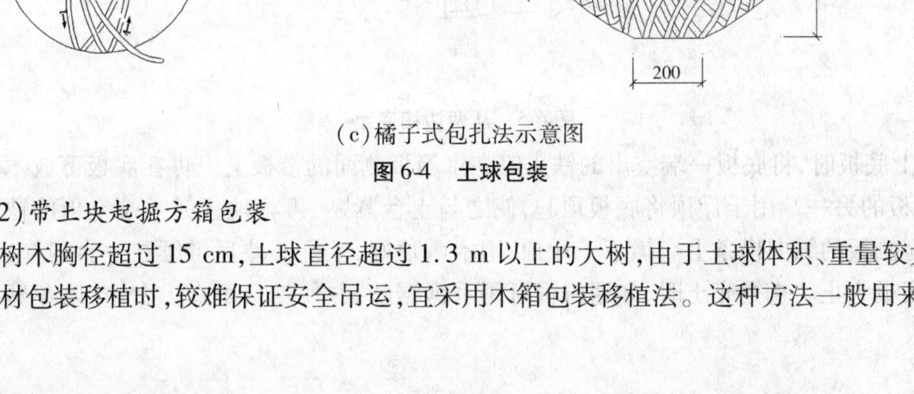

（c）橘子式包扎法示意图

图 6-4　土球包装

2）带土块起掘方箱包装

树木胸径超过 15 cm，土球直径超过 1.3 m 以上的大树，由于土球体积、重量较大，如用软材包装移植时，较难保证安全吊运，宜采用木箱包装移植法。这种方法一般用来移植胸径达15～25 cm的大树,少量的用于胸径30 cm以上的,其土台规格可达2.2 m×2.2 m×0.8 m,土方量为3.2 m^3。

(1)移植前的准备:移植前首先要准备好包装用的板材,包括箱板、底板和上板。掘苗前应将树干四周地表的浮土铲除,然后根据树木的大小决定挖掘土台的规格,一般可按树木胸径的7～10倍作为土台的规格(见表6-3)。

表6-3　土台的规格

树木胸径(m)	0.15～0.18	0.18～0.24	0.25～0.27	0.28～0.30
土台规格(m×m)(上边长×高)	1.5×0.6	1.8×0.7	2.0×0.7	2.2×0.8

(2)包装:

包装移植前,以树干为中心,以比规定的土台尺寸大10 cm,画一正方形作土台的雏形,从土台往外开沟挖掘,沟宽60～80 cm,以便于人下沟操作。修好土台后应立即上箱板。先将土台四个角修成弧形,用蒲包包好,再将箱板围在四面,使上下左右对好。其上缘应低于土台1 cm(预计土台将要下沉),即可将钢丝分上下两道围在箱板外面。上下两道钢丝绳的位置,应距箱板上、下边缘各15～20 cm。在钢丝绳接口处安装紧线器,并将其送到最大限度。两个紧线器要分别装在相反方向箱板中央的横板条上,以便收紧时受力均匀。

土台四周箱板钉好之后,开始掏土台下面的底土,上底板和面板。先按土台底部的实际长度,确定底板的长度和所需块数。然后在底板两端各钉一块铁皮,并空出一半,以便对号后钉在围箱侧板上。掏底时,先沿围板向下深挖35 cm,然后用小镐和小铲掏挖土台下部的土。掏底土可在两侧同时进行,并使底面稍向外凸,利于收紧底板。当土台下边能容纳一块底板时,就应立即将事先准备好与土台底部等长的第一块底板装上,然后继续向中心掏土(见图6-5)。

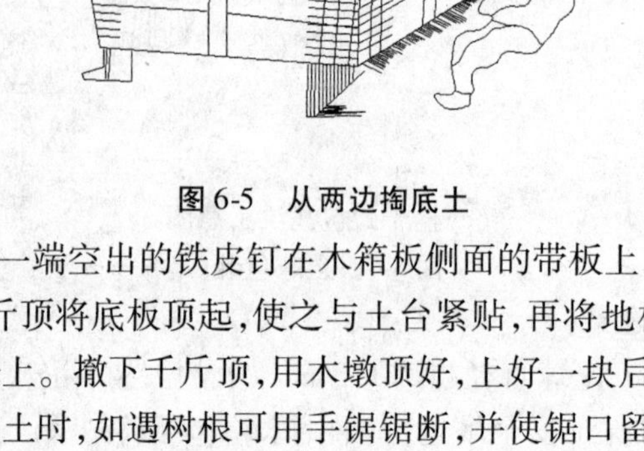

图6-5　从两边掏底土

上底板时,将底板一端空出的铁皮钉在木箱板侧面的带板上。再在底板下放木墩顶紧,底板的另一端用千斤顶将底板顶起,使之与土台紧贴,再将地板另一端空出的铁皮钉在相应侧板的纵向横条上。撤下千斤顶,用木墩顶好,上好一块后继续往土台内掏,直至上完底板为止。掏挖底土时,如遇树根可用手锯锯断,并使锯口留在土台内,以免妨碍收紧,掏挖底土注意不能将头伸入土台下面。上底板时,如土壤质地松散,应选用较窄木板,一块接一块地封严,以免底土脱落。如有少量底土脱落也可在脱落处填充草席、蒲包等物,然后再上底板。如土壤质地较硬可在底板之间留10～15 cm宽的间隙。底板上好之后,将土台表面稍加修整,修整好的土台表面应高出围板1 cm,再在土台上面铺一层蒲包,即可钉上木板。

3)冻土球移植法

冻土球移植时土壤冻结时挖掘土球,土球挖好后不必包装,可利用冻结河道或泼水冻结地面用人畜拉运。这样可以节省包装和减轻运输。

通常选用当地耐寒的树种进行移栽。如果土壤干旱且冻土不深,可在土壤结冻之前灌水,待气温降至－12 ℃～－15 ℃,土层冻结深度达20 cm左右时,开始用十字镐等挖掘土球。如果下层土壤尚未结冻,则应等待2～3 d后继续挖,直至挖出土球。如果事先没有灌水,土壤冻结不实,则应在土球上泼水促冻。挖好的树,未能及时移栽时应用枯草落叶覆盖,以免晒化或经寒风侵袭而冻坏根系。运输应选河道充分冻结时期;于土面运输应预先修平泥土地,选择泼水即冻的时期或利用夜间达此低温时泼水形成冰层,以减少拖拉的摩擦阻力。运输时还可利用雪橇或爬犁等。

4)机械移植法

近年来在国内正发展一种新型的植树机械,名为大树移植机,又名树铲,主要用来移植带土球的树木,可以连续完成挖栽植坑、起树、运输、栽植等全部移植作业。

大树移植机是一种在卡车或拖拉机上装有操纵尾部四扇能张合的匙状大铲的移树机械。可先用四扇匙状大铲在栽植点挖好同样大小的坑穴,即将铲张至一定大小向下铲,直至相互并合。抱起倒锥形土块上收,横放于车的尾部,运到起树边卸下。为便于起树操作,预先应把有碍的干基枝条锯除,用草绳捆拢松散树冠。移植机停在适合起树的位置,张开匙铲围于树干四周一定位置,开机下铲,直至相互并合,收提匙铲,将树抱起,树梢向前,匙铲在后,横卧于车上即可开到栽植点,直接对准放正,放入挖好的坑穴中,适填土入缝,整平作堰,灌足水即可。

大树移植机最适于交通方便、运距短的平坦圃地移植,效率很高。与传统的大树移植相比,使原分步进行的众多环节联成一体,使挖穴、起树、吊运、栽植等工序,真正成为随挖、随运、随栽的流水作业,并免去了许多费工的辅助操作(如包装等),是今后应该广为普及的一种先进方法。

6.3.3.4　吊运

吊运前先撤去支撑,捆绑树冠。应选用起吊、装运能大于树重的机车和适合现场施用的起重机类型(见图6-6)。

1)土球吊运

土球捆吊方法有三种:①将土球用钢索捆好,在钢索与土球之间垫上草包、木板等物吊运,以免伤害根系和弄碎土球。②用尼龙绳网或帆布、橡胶带兜好吊运。③吊运冻土球的树木时最好用粗麻绳,因为钢丝绳容易损坏土球。将双股绳的一头留出1 m多长结扣固定,再将双股绳分开,捆在土球由上向下3/5的位置并垫以木板,然后将大绳的两头扣在吊钩上,起吊后,再用脖绳套在树干下部,扣在吊钩上即可起吊(见图6-7)。吊运与卸车的动力可用吊车、滑轳、人字架、摇车等。

图 6-6　吊运

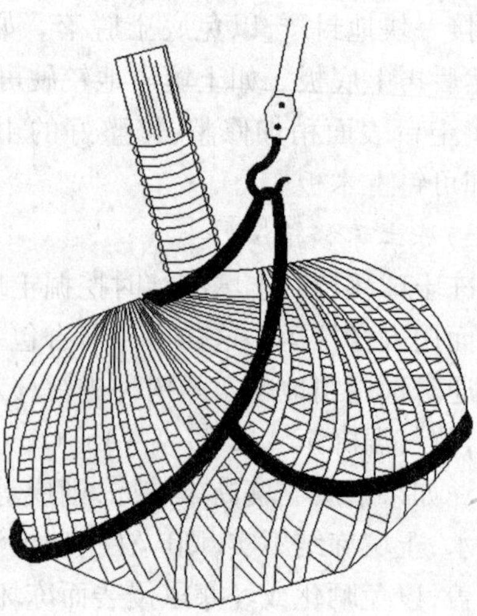

图 6-7　土球的吊装

2）木箱吊运

方箱包装可用钢丝绳围在木箱下部 1/3 处。另一粗绳系结在树干（干外面应垫物保护）的适当位置，使吊起的树略呈倾斜状（见图 6-8）。树冠较大的还应在分枝处系一根牵引绳，以便装车时牵引树冠的方向。冠过大的还应在车箱尾部设交叉支棍。土球下部两侧应用东西塞稳。木箱应同车身一起捆紧，树干与卡车尾钩系紧（见图 6-9）。运树时应用熟悉路线等情况的专人站在树干附近（不能站在土球和方箱处）押运，并备带撑举电线用的绝缘工具，如竹竿等支棍。运到栽植现场后，如不马上栽植，卸立时木箱下应垫方木，以便栽吊时穿吊钢丝绳用（见图 6-10）。

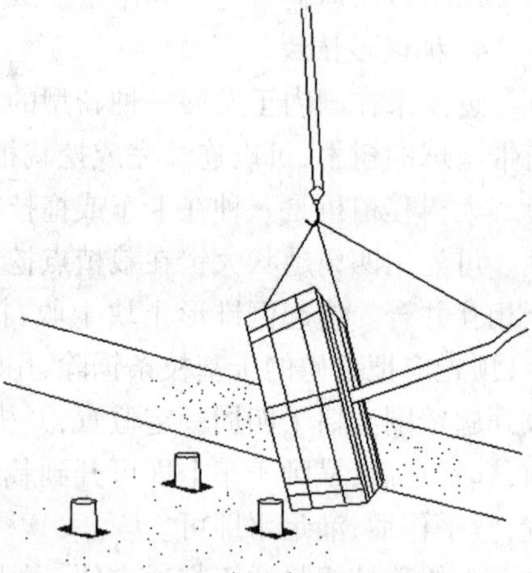

图 6-8　木箱的吊装

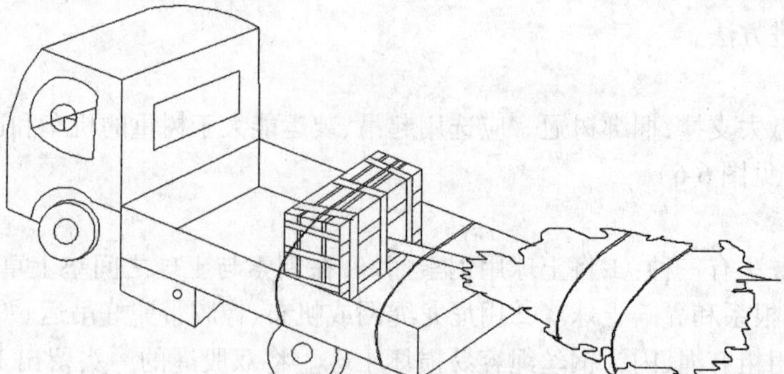

图 6-9　方箱包大树装车法

6.3.3.5　**栽植**

大树栽植前必须检查种植穴的规格、质量及栽植树木是否符合设计要求，不符合要求的要及时补救。当种植穴挖好后对号入座，按要求将大树放入坑中，支撑树体，使树干直立，按要求完成栽植。

方箱定植穴最好也呈正方形，每边比箱放宽50～60 cm，加深15～20 cm。量木箱底至树干原土痕深度，检查并调整坑的规格，要求栽后与土相平。土壤不好的还应加大。需换土或施肥应预先备好，肥料应与表土拌匀。栽前先于坑穴中央堆一高15～20 cm、宽70～80 cm的长方形土台，长边与箱底板方向一致。穿钢丝绳于两边箱底，垂直吊放。底上不松散的，放下前应拆去中部两块底板。入穴对应把姿态最好的朝向主要观赏面。近落地时，一人负责瞄准对直，4人坐坑穴边，用脚蹬木箱的上口来放正和校正位置。然后拆两边底板，抽出钢丝绳，并用长竿支牢树冠。将拌入肥料的土壤填至1/3时再拆除四面壁板，以免散坨，夯实再填土；每填20～30 cm土夯实1次，填满为止。按土块大小与坑穴大小做双圈灌水堰，内外水圈同时灌水。

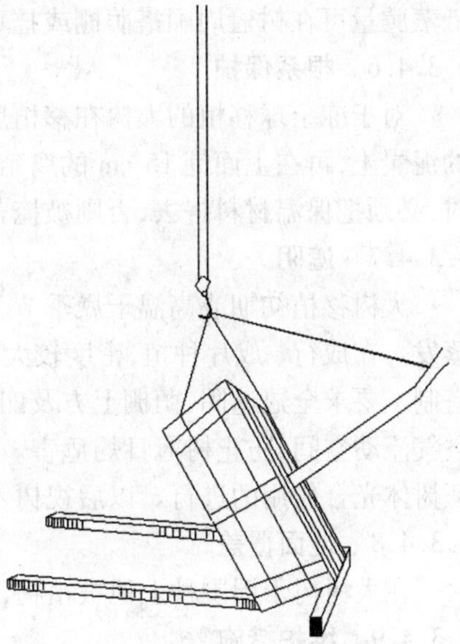

图6-10　卸立垫木法

6.3.4　大树移植后的养护管理

6.3.4.1　**支撑**

大树移植后为防止倾斜歪倒要设支撑架固定，以正三角形桩最为稳固，上支撑点应在树高的2/3处为宜，并加保护层，以防擦伤树皮。

6.3.4.2　**浇水**

大树移植后的第一次水要浇透，使土壤与根部紧密结合，保证种植后土壤与大树土球不产生空隙。一般浇透水一两次后隔3 d后再浇水。在夏季，要对地面和树冠喷洒清水，增加环境湿度，降低蒸腾作用。

6.3.4.3　**施肥**

施肥有利于恢复树势。大树移植初期，根系吸肥力低，宜采用根外追肥，一般半个月左右一次。用尿素、硫酸铵、磷酸二氢钾等速效性肥料配制成浓度为0.5%～1%的肥液，选早晚或阴天进行叶面喷洒，遇降雨应重喷一次。根系萌发后，可进行土壤施肥，要求薄肥勤施，慎防伤根。

6.3.4.4　**生长素处理**

为了促进根系生长，在浇灌的水中加入0.02%的生长素，使根系加快生长。

6.3.4.5　**树干包扎**

为保持树干的湿度，减少树皮蒸腾水分，用浸湿的草绳、草袋等物严密包裹树木的主干和较大分枝，让包裹处有一定的保温和保湿性，可避免阳光直射和干风的吹袭。

每天早晚喷水，喷水只要树冠上叶片和草绳湿润即可，喷水时间不宜过长。夏季为降低蒸腾量可在树冠周围搭荫棚或挂草帘。

6.3.4.6　根系保护

对于冻土球移植的大树在移植后，定植穴内要进行土面保湿，即先在穴面铺 20 cm 厚的泥炭土，再在上面铺 15 cm 的腐殖土或 20～25 cm 厚的树叶。早春时当土壤开始化冻时，必须把保温材料揭去，否则被掩盖的土层不易结冻，影响树木根系生长。

6.3.4.7　遮阴

大树移植初期或高温干燥季节，要搭制荫棚遮阴，以降低棚内温度，减少树体的水分蒸发。在成行、成片种植，密度较大的区域，宜搭制大棚，省材又方便管理，孤植树宜按株搭制。要求全冠遮阴，荫棚上方及四周与树冠保持 50 cm 左右距离，以保证棚内有一定的空气流动空间，防止树冠日灼危害。遮阴度为 70% 左右，让树体接受一定的散射光，以保证树体光合作用的进行。以后视树木生长情况和季节变化，逐步去掉遮阴物。

6.3.4.8　地面覆盖

在大树树干周围种上地被植物，如马蹄金、红花酢浆草等，既美观又可减少地面蒸发。

6.3.4.9　维护措施

对新移植的大树周围设置围栏，并派专人看护，加强后期管理。

6.4　大树移植技术范例

6.4.1　悬铃木

悬铃木枝干优美，冠大浓郁，生态环境效应显著，为优良的行道树，在大树移植中占有重要的地位。

悬铃木的生长速度快，萌枝能力较强，可采用截枝、截干式移植，保留主干或树冠的一级分枝，其余树冠全部截去。截口保持平滑并及时用调和漆涂抹，防止伤口腐烂。

悬铃木多行裸根移植，带根幅度为树木胸径的 8～10 倍，操作沟宽 40～60 cm，粗大的骨干根用手锯锯断，挖掘可采用吊车协作完成，以提高移植功效。为防止根系失水，应做好蘸浆和覆盖工作。

悬铃木的大树移植，虽然成活率较高，管理也比较粗放，但为了尽快恢复树体萌芽、生长，必须提供良好的栽植措施。栽植穴的直径应比根系生长范围大 30～40 cm，深 60～80 cm，保证根系舒展，不窝根。在栽植前将劈裂的伤根修剪好，栽植穴的土壤以疏松、肥沃最为理想。栽植后立即浇一次水，为抵御夏季高温伤害，用草绳裹干至一级分枝点，每天喷水两次，以减少水分蒸腾，预防日灼。

悬铃木移植成活后，截口部位萌生枝条较多，冬季修剪时应注意选留方向性好、生长健壮的枝条 5～8 根，供来年定冠选择。

6.4.2　香樟

香樟，树冠广卵形，枝叶繁茂，冠大浓郁，且病虫害较少，是目前应用大树移植最多的常绿树种。香樟大树移植的最佳时间为萌芽期，即清明前后 10 d。

6.4.2.1　移植方法

1）转坨缩冠

对将移植的香樟大树，在原地通过修剪缩小树冠，同时实施切根操作。切根范围为树木根颈的 5 倍，可将粗根锯断，在根部喷洒 0.1% 的萘乙酸 500 g，然后填充、覆土。两年后根据需要进行移植，并在保持树形基本骨架的前提下进行修剪。转坨缩冠移植成活率高，树体恢复生长快，近期绿化效果好。

2）带蓬移植

基本上是在保持原有树冠的情况下进行移植，在起挖前应进行适当的树冠重剪，去除弱枝，保留 50% 的枝叶。土球直径应为根颈的 8 倍以上，土球包扎应紧实看不到露土。考虑到带蓬移植时叶面水分蒸腾过大，移植后可在树冠顶部安装喷淋装置，晴天进行叶面喷雾。全株搭建荫棚，减弱光照强度。

3）截枝移植

截去主干上的大部的枝条，适当选留一级分枝，截口呈斜形，截口用封漆涂抹或薄膜包扎。移植时间在 4 月上旬或清明前后，植后一个多月，截口下萌发众多芽条，让其自然生长，至下一年春季萌芽前，修剪多余的枝条，选留方位角度理想、生长旺盛的枝条作为培养枝，保持树冠通风透光的良好生长。当年树冠可生长 100 ~ 150 cm，3 年后树冠即能长成半球形态，形成较好的观赏效果和遮阳面积。

6.4.2.2　技术措施

移植前，根部喷施 0.1% 萘乙酸，以促进新根生长，缩短树体恢复生长的时间。用 0.1% 萘乙酸和羊毛脂混合物涂抹断根伤口，防止腐烂。树穴底部施腐熟有机肥，穴内换疏松的土壤，以补充养分。

栽植时宜浅勿深，以土球露出土表 1/4 为宜，以防烂根。灌水后在根部覆膜，防止水分的过分蒸发或过多的水分渗入根部，造成烂根。草绳裹干，入冬前可加裹薄膜，但必须在树体萌芽前及时除去。这样既可以保持树干湿润，又可防止树干水分蒸发，但要防止草绳腐烂而灼伤树皮。树冠喷雾，补充叶面水分。搭建遮光棚，降低树冠水分的蒸腾。

新叶萌芽后，用 0.1% 尿素进行叶面喷施，以利于新叶生长。但不可在秋天喷施，防止新叶在冬天发生冻害。待新枝萌发后，适时进行整形修剪，去除弱枝，保留粗壮枝，培育新枝。

第7章　草坪建植工程

草坪是城市绿地中最基本的地面绿化形式。草坪的建设，应按照既定的草坪设计进行。在草坪设计中，一般都已确定了草坪的位置、范围、形状、坡度、供水、排水、草种组成和草坪上的树木种植情况；而草坪施工的工作内容，就是根据已确定的设计来完成一系列的草坪开辟和种植过程。这一施工过程，主要包括土地整理、放线定点、布置草坪设施、铺种草坪草和后期管理等工序。

7.1　草坪坪床整理

7.1.1　草坪整地

7.1.1.1　场地清理

清理是指在建坪场地内有计划地清除和减少不利于草坪草生长的障碍物，成功建立草坪的作业。欲建草坪地段如有树木，应伐去影响景观、影响草坪生长的乔木和灌木；清除不利于操作和草坪草生长的石块、瓦砾等建筑垃圾；清除和杀灭杂草；进行必要的挖方和填方等。

1）木本植物的清理

对于倒木、腐木、树桩、树根首先要清除并连根挖起，以免残体腐烂后形成洼地，破坏草坪的一致性；而生长的木本植物要根据设计要求，决定去留移植方案，能起景观作用的或古树尽量保留，此外一律铲除，做到倒树挖根。

2）岩石、巨砾、建筑垃圾的清理

建筑垃圾常见的有块石、石子、砖瓦及其碎片、水泥、石灰、泡沫、薄膜、塑料制品、建筑机械留下的油污等，在现场清理过程中应针对不同种类做不同处理。

3）建坪前杂草的防除

杂草清除在草坪栽培管理中通常是一项艰巨而长期的任务。一旦草种落地，若发生同类杂草同步生长危害，就更加麻烦。尤其某些蔓延性多年生的禾草和莎草，能引起新草坪的严重杂草污染问题，即使用耙或铲进行表面杂草处理的地方，翻耕后残留的营养繁殖体（根茎、匍匐茎、块茎）也将重新生长入侵。所以，应在建坪前综合应用各种除草技术，尽量诱发土内杂草种子萌发，然后清除并反复几次。杂草防除应综合运用物理、化学、生物除草技术，既清除杂草，又培肥土壤。

4）挖方与填方

绿化工程是各类工程的最后工序，欲建坪地经常是坑坑洼洼，有的地方严重缺土，有的地方土方过剩，应按草坪类型对地形进行整理。如自然式草坪则应有适当的自然起伏；规划式草坪则要求表面一致。无论哪种类型，都要进行适当的挖方和填方。这是一个系统工程，在作业前需测量绘制地形地貌图，计算出挖方、填方量，并在图纸上标明，场地清理时一并完成。具体实施时，不论高处、低处均先剥离表土备用，然后保证熟土布于坪面，以减少重复劳动。对工程量大的可利用推土机、装载车、挖掘机等，大大提高功效。填方还应考虑填土的沉陷问题，细质土通常下沉15%（每米下沉12～15 cm），填方较深的地方除加大填土量外，尚需震压，以加速沉降。

5）整理坡度

草坪草和农作物一样，需水但不能积水，这就要求坪地平整且要有排水坡度。表面排水适宜的坡度为0.5%～0.7%，在建筑物附近，坡向应是离开房屋的方向；开放式的广场，应以场地中心向四周排水。在坡度较大而无法改变的地段，应在适当的部位建造挡土墙，以限制草坪的倾斜角度。坡度的整理应结合挖方填方同时进行，必要时可利用机械提高效率。

7.1.1.2 土壤耕作

土壤耕作是建坪、种植前对土壤进行耕、旋、耙、平等的一系列操作。

1）耕作要求

耕作可促进或保持土壤良好的颗粒，而土壤颗粒具有黏着性、黏结性和塑性，即在一定含水量下，土壤颗粒可黏附于耕作机具，也可相互黏结在一起，并在外力作用下土壤可任意变形，当外力解除和土壤干燥后仍能保持这种变化了的形状。这些性质除取决于土壤质地、有机质含量等因素外，还取决于土壤含水量。所以，在土壤含水量过高或过低的情况下都不宜耕作。因此，耕作前应了解土壤是否处于宜耕状态，即用手可把土捏成团，抛到地上可散开，即为宜耕作土壤。

2）耕作措施

用于草坪建植的土壤耕作措施包括耕、旋、平等工序。

耕地是利用畜力或机械动力牵引，用犁将土壤翻转的过程。一是将欲建坪地上的绿肥、杂草植物残体或基肥耕翻到土壤表层以下，提高整地质量和肥力的长效性；二是能疏松表层土壤，促进土壤风化，使坚实的心土表土化，增加土壤总孔隙度和通气性，从而促进植物根系的生长发育，扩大其营养范围，并促进好氧性微生物活动，加速有机质的分解和养分转化。耕作时间应在秋冬季，这样有一个比较长的晒垡和冻垡过程。耕作深度、次数取决于土壤。新耕地耕作层浅，不利于草坪根系的生长，应深耕20～30 cm，一次耕不到位可分2～3次逐渐加深或用特殊的松土机松土，并要延长晒垡冻垡时间，促进团粒结构形成，提高整地质量；老坪地或老耕地，耕作层较深，土壤结构较好，可适当浅耕，一般为15～25 cm。

旋地过去通常由人工翻挖破垡，而现在主要由机械完成。旋地包括深旋和浅旋。

平整是整地的最后一道工序。坪地经挖方和填方，土壤耕旋后土表留有机械轮槽、旋刀沟和耕旋不匀形成的小起伏，需人工耙平或机械刮平。平整前后要捡去石块、硬土、杂草等。平整时，一般小面积上人工平整是理想的办法，常用工具为搂耙（短钉齿耙）、多钉齿耙等；大面积上需专用设备，包括刮平机械、板条大耙等进行平整。平整的具体要求是“小平大不平”，即除了草坪地设计中的起伏外，尽量做到平整一致。经过耕、旋、耙、平等整地工序后，使地面形成5～10 cm的疏松薄层，这种上虚下实的土壤结构有利于种子发芽。

欲建坪地常常是建筑工地或国家、地方政府的道路、水利工程或公园、广场等，地下管道、管线、暗渠、古墓、水泥块及各种建筑垃圾较多，耕作时应小心谨慎。耕作中如发现上述设施在耕层中，应及时处理，保证草坪草根系正常生长的土壤厚度，如不能保证土壤厚度，应及时与设计单位联系，更改土壤标高，或与有关部门联系，降低设计标高；如遇较大水泥块，必须移走或深埋。

7.1.2 土壤改良

理想的草坪土壤应是土层深厚，无异型物体，土壤肥沃，排水性良好，pH 值 6 ~ 8，结构适中的土壤。然而，建坪的土壤并非完全具有这些特性。因此，建坪前对土壤必须进行处理，使土壤结构和成分达到草坪草正常生长的条件与状态。常见的处理方法有清除土壤杂物、改良土壤质地、排洗土壤盐碱、调节土壤酸碱度、施足基肥、重视土壤消毒、应用保水剂等 7 种。

7.1.2.1 清除土壤杂物

经场地清理和土壤耕作后明显的异型杂物基本除掉，小型杂物还比较多，在土壤处理中，有必要再清理一次。捡去石子、硬土、草根、草茎及一些建筑、生活垃圾，创造一个良好的草坪净土。

7.1.2.2 改良土壤质地

改良的程度将随建造草坪土壤的基础条件不同而异，改良总的目标是使土壤形成良好的结构，提高土壤的保水保肥能力，并在长期恶劣环境中仍然保持其良好的性能。土壤改良的方法很多，一般原则是黏土掺沙，沙土掺黏，使得改良后的土壤质地为壤土或在黏壤土至沙壤土范围内。目前，生产中通常使用泥炭、锯屑、砻糠（稻壳、麦壳）、碎秸秆、处理过的垃圾、煤渣灰、细火浇土、富含有机质的土壤及人、畜粪肥等。土壤厚度改良达到 25 ~ 35 cm 时效果较好，至少要达到 15 ~ 20 cm。

7.1.2.3 排洗土壤盐碱

在土壤盐碱化的地区，除了种植耐盐碱品种外（冷地型草有匍匐剪股颖、高羊茅、多年生黑麦草、碱茅等；暖地型草有狗牙根、结缕草、钝叶草、三叶草等），主要措施是排碱洗盐和增施有机肥。排碱洗盐是最根本的永久性的措施。对小块坪地，应四面开挖淋洗沟，经常浇水（淡水）淋洗，使之盐分逐渐降低。一个生长季节后，草坪草基本能够适应。在排碱洗盐的同时，结合施用有机肥效果更佳。一般来说，畜粪和堆肥、泥炭等有机肥都具有很强的缓冲土壤酸碱性的作用，所以是一项土壤改良的重要措施。

7.1.2.4 调节土壤酸碱度

几乎所有的草坪草在弱酸性—中性—微碱性（pH 值 5.8 ~ 7.4）的土壤中生长良好，但在南方一些地区土壤酸性比较严重，pH 值常在 5.8 以下，甚至在 5.5 以下；北方或海岸线地区土壤偏碱，pH 值常在 8.0 以上，则应进行改良。对酸性土壤可使用石灰调节土壤酸度，石灰石粉的施用量决定于施用地块的土壤 pH 值及面积；碱性土壤则可用石膏、硫磺或明矾来改良。硫磺经土壤中硫细菌的作用，氧化生成硫酸；明矾（硫酸铝钾）在土中水解也产生硫酸，都能起到中和碱性土壤的效果。此外，种植绿肥、临时草坪、增施有机肥等对改良土壤酸性与碱性都有明显的效果。

7.1.2.5　施足基肥

草坪和农作物一样,要保持持久的草坪景观,施足、施好基肥是根本的技术措施。基肥一般以有机肥为主、化肥为辅。氮、磷、钾是草坪草生长的基本物质保证。磷肥有助于草坪草根系的生长发育;钾肥有助于草坪草越冬;氮肥使草坪草产生多汁、色绿和叶茂,俗称"景观肥"。增施有机肥是一项对任何土壤都行之有效的改良措施。有机肥的种类很多,主要包括农家肥料(如厩肥、堆肥、沤肥)、植物性肥料(油饼、绿肥、植物残体、堆肥、泥炭等)、处理过的垃圾、临时草坪等。一般要深施 20 ~ 30 cm,具体施法是将有机肥撒在土表,经土壤耕翻入土。基肥用量为草坪草全年需肥量的 70%。具体施用时农家肥一般掌握在 3 750 ~ 5 250 kg/hm^2;饼肥掌握在 0.5 kg/m^2。绿肥、临时草坪、植物残体经耕翻后保持一定土壤温度并经沤制才具有肥力。由于有机肥是迟效肥,因此基肥还应配施速效肥,一般以 25% 氮、磷、钾三元复合肥为主,施用量为 100 ~ 150 g/m^2。

7.1.2.6　土壤消毒

土壤消毒就是用农药施入土中,杀灭土壤内病菌、害虫、杂草种子、营养繁殖体、致病有机体、线虫等的过程。用得较多的方法有熏蒸法、喷雾法两种。

熏蒸法是将高挥发性的农药施入土壤中,杀灭土壤有害生物的过程。常用的熏蒸剂有硫酰氟(熏灭净)、溴甲烷、氯化苦、棉隆(必速灭)等。床土熏蒸前应深耕、破垡,以利熏杀剂的化学蒸气流向防治目标。土壤应保持一定温度,以利熏杀剂在土壤中运动。土温不应低于 32 ℃,以保持熏杀剂的活性。具体的操作是用自动铺膜装置的土壤熏蒸专用设备或人工在离地面 30 cm 处支起薄膜,用土密封薄膜边缘,用塑料管将桶中的熏杀剂引入薄膜的蒸发皿中,并把它注入覆盖地段,24 ~ 48 h 后除去薄膜,再过 48 h(或更长)后方可播种。

喷雾法也是土壤消毒的常用方法,药剂有棉隆、克百威。具体操作时将棉隆、克百威等做土壤喷雾处理,有条件的可洒水后覆塑料薄膜。施药 3 周以后方可播种。喷雾操作时要配戴安全防护用具,严禁直接喷施。这种土壤消毒的方法,药效可维持 40 ~ 80 d。

7.1.2.7　应用保水剂

在土壤质地改良中已提到,锯屑、砻糠等可起到保水作用。此外,有专门的保水剂,保水剂为白色粉末状,它是一种高分子物质,吸水量是自重的几千倍以上,且不易蒸发,可供植物根系吸收。保水剂一般用量 5 g/m^2,具体操作时可伴适量细干土撒施。

7.2　草坪排灌设施

7.2.1　草坪排水设施

草坪草和农作物一样,如果长时间有渍水、浸水,不但对草坪草的生育不利,也降低使用价值。所以,建植前不能忽视基础建设,如果待草坪建成后再来进行排水设施改造,会增加费用,工程操作也不方便。因此,草坪建植前要做好排水的设计与施工。

坪地排水主要有两种方法,即地表排水法和心土排水法。两者的区别在于:心土排水法是用块石、盲沟等法排除土壤土层中所含水分；而地表排水法则是从草坪根部附近迅速排除多余的水分。

7.2.1.1　**地表排水**

地表排水主要是使土壤具有良好的结构性，通常使草坪地表面保持一定坡度，以保证排水。草坪地面一般应低于人行道或运动场跑道 3 cm，草坪多余的水会通过草坪边缘的排水大沟流走，不能流入路面。任何草坪中心部位不能低凹，以免积水；公园、庭园和宅园草坪，不能将地表做成水平式，否则草坪显得单调，缺乏艺术性，对排水也不利。如果是临近建筑物的草坪，草坪地面至少也要比屋基低 3 cm，并从建筑物到草坪的边沿也应保持 1% 的坡度，以免草坪积水往屋基倒流或降雨时流入屋内。运动场草坪地面的坡度也有严格的要求。除斜坡草坪外，一般草坪坡度不宜过大，否则保水性差，需要经常浇灌。而在草坪地四周或低洼地的积水处，应设置雨水口，并与地下排水管连接，以免草坪排水流入路面。

7.2.1.2　**心土排水**

心土排水是运动场和大型公共草坪经常使用的方法。具体操作时一般在草坪表面以下 40 ~ 90 cm 处挖一些底沟，铺上专用排水管后覆土，或用块石、碎石、粗沙做成盲沟。排水沟密度视土壤质地、草坪用途而定。一般间距 5 ~ 20 m，保持 0.5% ~ 0.7% 的斜度。在盐碱地或半干旱地带，因地下水上升可能造成表土盐碱化，排水管可深达 1.2 ~ 2 m。

面积较小的草坪，可通过坡面自然排水，并在草坪周边设置浅沟集水，将地表水汇集到排水沟中排出去。对面积较大的草坪，仅仅依靠地表排水是不行的，下雨时在草坪里面产生的积水不容易很快排除掉。

大面积草坪的排水方法，主要是在草坪下面设置排水暗管。施工时，先要沿着草坪对角线挖浅沟，沟深 40 ~ 50 cm，宽 30 ~ 45 cm。然后在对角主沟两侧各挖出几条斜沟，斜沟与对角主沟的夹角应为 45°，其端头处深 30 ~ 40 cm。沟挖好后，将管径为 6.5 ~ 8 cm 的陶土管埋入沟中，在陶管上面平铺一层小石块，再填入碎石或煤渣，在最上面回填肥沃表土，用以种植草坪植物；回填的土面应略低于两侧的草坪土面（见图 7-1）。斜沟内的副管与对角沟的主管一起构成如羽状分布的暗管排水系统。在面积特大的草坪下，这样的排水管系统可设置几套，但其中的排水主管则应平行排列，每一主管的端头部应与草坪边缘的集水沟边接起来。

7.2.2　草坪灌溉设施

生长良好的草坪，需要有一个科学的灌溉系统和灌溉制度。灌溉方式有漫灌、浇灌和喷灌。三种方式各有所长，对草坪来说最好的灌溉方式是喷灌，喷灌用水量少，节约劳动力，浇水均匀。喷灌系统结构包括水源、水泵、控制箱、阀门、干管、支管、洒水器等。灌溉制度包括草坪草生育期内单位面积上灌水量的总和及每次灌水量、灌水次数和时间等。

应根据所选草坪草种、草坪的作用，对灌溉的要求及经济实力，选定灌溉方式，确定灌溉系统。对冷地型草坪草、运动场草坪、观赏草坪、盐碱地草坪，干旱地区一般要设计喷灌系统。对暖地型草坪草、游憩草坪、护坡草坪、临时草坪，如投资困难，可不设喷灌系统，但要有漫灌、浇灌措施。在水源充足且坪地内外都有水源处，可采用喷灌机组或可移式喷灌

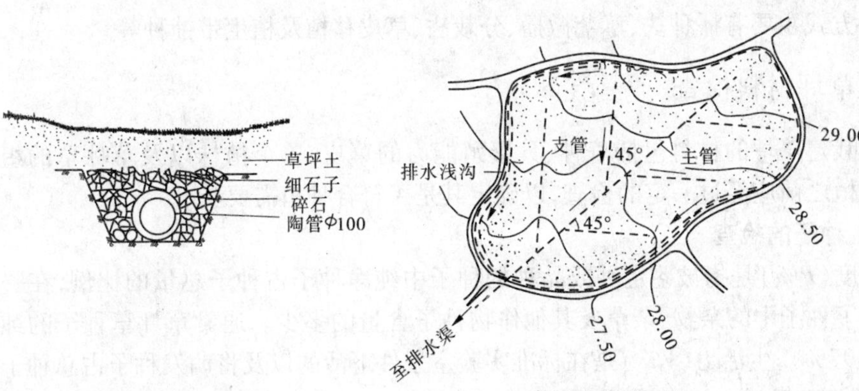

(a)暗管埋设断面图　　(b)暗管排水系统

图 7-1　草坪暗管排水系统示意

系统，投资少，待草坪成坪后又可移走。自动灌溉系统是一套先进的控制喷水或滴水设备，使草坪草得到均匀的供水量，有效地利用水资源，节省能源、人力和时间。

草坪的机械喷灌系统是由控制器、喷灌机（水泵）、喉管和喷头四部分组成的。喷灌方式有自动升降式和自动旋转式两种。自动升降式喷灌的喷头平时隐藏在草坪中，当控制器感应到需要浇水时，就自动升起来开始进行扫射式喷水；喷水足够了，又自动地关闭喷水阀，降到草坪下隐藏起来。自动旋转式喷头是固定在草坪上一定高度，可以随着喷水时产生的水力自动旋转，一面旋转一面喷水，能够比较均匀地为一定范围内的草坪供水。

布置喷灌系统时，要根据喷头的射程距离，来均匀地敷设供水管和喷头，使各个喷头的喷射范围能够覆盖全部草坪。喷灌系统若按喷头水压大小来分，可分为远喷式和近喷式两种。远喷式的喷头水压大，水流射程远；近喷式的喷头水压小，水流射程短；其具体情况如表 7-1 所示。

表 7-1　喷灌机射程与类别

项目	高压远喷式	远喷式	近喷式
	远射程	中射程	近射程
工作压力（kg/cm^2）	6 ~ 8	3 ~ 5	0.5 ~ 3
流量（m^3/h）	70 ~ 140	18 ~ 70	5 ~ 20
射程（m）	50 ~ 80	15 ~ 50	5 ~ 20

喷灌机可设置在草坪边角地方的地下水泵坑内，一端连接供水管道，接通水源；另一端连接喷水主管，送出加压的水流。喷水主管上再分出若干支管，支管端设喷水头。在草坪种植工程未完成之前，只敷设喷水管道，暂不安装水泵和喷头；水管的管口要作临时性堵塞，避免泥沙异物落入管中。管道敷设安装好，即覆土掩埋，并稍稍压实。

7.3　草坪种植施工

草坪排水灌溉设施敷设完成，土面已经整平耙细，就可进行草坪植物的种植施工。草坪的种植方式主要有播种法、草茎撒播、分栽法、草皮移植及植生带铺种等。

7.3.1 草坪材料检查

用于栽建草坪的材料包括草种、具繁殖能力的草皮、单个植株以及草坪草的组织器官。在种植之前应经过一定的检查,以确定其是否符合种植需要。

7.3.1.1 种子的检查

纯净度(*P%*)是指被鉴定种或品种的种子中纯净种子占种子总量的比例,在一定水平上表示了种子中的杂物、杂草及其他作物种子含量的多少。通常草坪草种子的纯净度为82% ~97%。生活力(*V%*)是在标准实验室条件下活的以及将萌发种子占总种子数量的比例,草坪草种子生活力最低不应低于75%。纯净度与生活力的积($PLS = P\% \times V\%$)是种子质量的综合表示,其值越高,质量越优。

7.3.1.2 草皮块的检查

高质量的草皮块应质地均一,无害虫,未感病害,操作时能牢固地结合在一起,铺植后1 ~2 周内就能生根。草皮尽可能薄,一般厚度以2 cm 为宜。尽量减少芜枝层量。为减轻重量和促进草的新根生长,亦可将草皮用水洗去泥土。草皮块的大小以铺装运输方便为依据。

7.3.1.3 幼枝和匍匐茎的检查

幼枝和匍匐茎是指单个植株或几个节的匍匐茎部分。此种材料是正常高度修剪草坪,以防止种子产生;而后停止修剪几个月,促进大匍匐茎生长;当匍匐茎生长到足够时间后,收获草皮,尽量除去泥土,按一定长度切断,每个茎段含有2个以上的活结,栽植于坪床上。

7.3.1.4 草块及草卷

铺栽草坪用的草块及草卷规格一致,边缘平直,杂草不超过5%。草块土层厚度宜为3 ~5 cm,草卷土层厚度宜为1 ~3 cm。植生带,厚度不宜超过1 mm,种子分布应均匀,种子饱满,发芽率应大于95%。

播种用的草坪、草花、地被植物种子均应注明品种、品系、产地、生产单位、采收年份、纯净度及发芽率,不得有病虫害。自外地引进种子应有检疫合格证。发芽率达90%以上方可使用。

7.3.2 播种法培植草坪

播种之前,最好将草坪土地全面浸灌一遍,让杂草种子发芽,长出幼苗,除掉杂草苗以后再播种草坪草种,这样能够减少今后清除杂草的工作量。草坪播种的时间一般在秋季和春季,但在夏季不是最热的时候和冬季不是最冷的时候也可以酌情播种,只要播种时的温度与草种需要的温度基本一致就可以(见表7-2)。

对一般的草坪种子都应进行发芽试验,试验中发现的发芽困难种子,可用0.5%的 $NaOH$ 溶液浸泡处理,24 h 后用清水洗净晾干再播。播种时种子用量对草坪幼苗生长的关系很密切,常见草种播种量见表7-3。

表7-2　常见草坪草种的播种温度

草种名称	温度(℃)	草种名称	温度(℃)	草种名称	温度(℃)
早熟禾	20~30	狗牙根	20~35	多花黑麦草	20~30
普通早熟禾	20~30	结缕草	20~35	多年生黑麦草	20~30
草地早熟禾	15~30	沟叶结缕草	20~35	猫尾草	20~30
球茎早熟禾	10	假俭草	20~35	冰草	15~30
加拿大早熟禾	15~30	紫羊茅	15~20	地毯草	20~35
匍茎早熟禾	15~30	羊茅	15~25	两耳草	20~35
细弱剪股颖	15~30	毛叶羊茅	10~25	垂穗草	16~30
欧剪股颖	20~30	高株羊茅	20~30	无芒雀稗	20~30
红顶草	20~30	苇状羊茅	20~30	双穗雀稗	30~35
野牛草	20~35	鸭茅	20~30	格拉马草	20~30

表7-3　常见草种播种量

草种名称	播种量(g/m^2)		草种名称	播种量(g/m^2)	
	正常播	密插		正常播	密插
普通早熟禾	6~8	10	羊茅	14~17	
草地早熟禾	6~8	10	苇状羊茅	25~35	
林地早熟禾	6~8	10	高株羊茅	25~35	
加拿大早熟禾	6~8	10	多花黑麦草	25~35	
匍茎剪股颖	3~5	7	多年生黑麦草	25~30	
细弱剪股颖	3~5	7	冰草	15~17	
欧剪股颖	3~5	7	地毯草	6~10	
红顶草	4~6	8	假俭草	16~18	
野牛草	20~25	30	猫尾草	6~8	
狗牙根	6~7	9	结缕草	8~12	
紫羊茅	14~17	20	格拉马草	6~10	

大面积的草坪采用机械播种，小面积的草坪播种则采用人工播种。为使播种均匀，可在种植中掺沙拌匀后再播；也可先把草坪划分成宽度一致的条幅，秤出每一幅的用种量，然后一幅一幅地均匀撒播；每一幅的种子都适当留一点下来，以补足太稀少处。草坪边缘和路边地带，种子要播得密一些。草坪全部播种完毕，要在地面撒铺一层薄薄的细土1 cm厚，以盖住种子。然后用细孔喷壶或细孔喷水管洒水，水要浇透。以后，还要经常喷水保湿，不使土壤干旱。草苗长高到5~6 cm时，如果不是处于干旱状态，则可停止浇水。

7.3.3 草茎与分栽法培植草坪

7.3.3.1 草茎撒播法

在并不太热的生长季节中，将草皮铲起，抖掉泥土，把匍匐嫩枝及草茎切成3～5 cm长短的节段，然后均匀地撒播在整平耙细的草坪土面上，再覆盖一层薄土，稍稍压实。以后，经常喷水，保持土壤湿润，连续管理养护30～45 d，撒播的草茎就会发出新芽。

7.3.3.2 草棵分栽法

这种方法配植草坪的最佳季节是在早春草坪植物返青之时。先将草皮铲起来，撕开匍匐茎及营养枝，分成一棵棵的小植株，然后在草坪土地上按30 cm的距离挖浅沟，沟宽10～15 cm，深4～6 cm。再将草棵按20 cm的株距整齐地栽入浅沟中。栽好后将浅沟的土壤填满，压实，浇灌一次透水。以后，经常浇水保湿，3个月后，新草就会盖满草坪土面。用这种方法培植草坪，1 m^2的草种草皮一般可以分栽为7～25 m^2。

7.3.4 草皮移植法培植草坪

在育草苗圃地上铲起草皮，切成10 m^2大的方形草块或5 cm×15 cm大小的长方形草块，作为草坪的种源。然后按照20 cm×30 cm或30 cm×30 cm的株行距，将种源草块移植、铺种到充分耙细的草坪土面上。草皮铺种好之后，立即滚碾压实，浇水至透底，并保持经常性的湿润。另外，有时进行突击绿化，要在最短的周期内培植出合格的草坪，还可以采用草皮直接铺设方法。这种方法是：选长势优良的草皮，按30 cm×30 cm的方格状向下垂直切缝，切深约3 cm；然后再铲起一块块方形草皮，铺种到草坪土面上；草皮与草皮之间留缝宽1 cm左右。接着，进行滚压，将草皮压实，紧贴土面，再浇灌透水。第一次浇水后2～3 d，又进行第二次滚压，将草坪顶面再次压实压平整。

草皮铺植方法可分为：①平铺，草皮块之间不留空隙，可形成美丽的大草坪；②细地铺，草皮块之间留空隙，铺植的效果较好；③间铺，按梅花式留空格铺植，在草坪面积大、铺植时间紧时常使用此法；④间条铺，草皮块按条状铺一行空一行铺植，主要用于建坡地保护草被。在草坪的边沿要先沿边缘铺一条草皮块，在拐角处和集水井周围也应铺齐，可切割草块，铺满空白点。

草皮建植方式、方法多样，在园林工程的实际应用中，施工人员应根据各种综合条件选择最合理、最合适的草坪种植施工方案。

第 8 章　屋顶花园与垂直绿化工程

8.1　屋顶花园的基础知识

8.1.1　屋顶绿化的定义

屋顶绿化是指在高出地面以上,周边不与自然土层相连接的各类建筑物、构筑物等的顶部以及天台、露台上的绿化。屋顶绿化是对城市建筑破坏自然生态平衡的一种最简捷有效的补偿办法,是城市中重要的、有生命的基础设施建设。

8.1.2　屋顶绿化的类型

为使用和交流方便,通常我们根据屋顶绿化的组成元素和植物的不同,将它们分为花园式屋顶绿化和简单式屋顶绿化两类。

8.1.2.1　花园式屋顶绿化

花园式屋顶绿化近似于地面绿化,是根据屋顶具体条件,选择适宜的植物进行配植,设置园林建筑小品,提供一定的游览和休息活动空间的复杂绿化。花园式屋顶绿化以植物造景为主,宜采用乔、灌、草结合的复层植物配植方式,具有较好的生态效益和景观效果。其荷载一般为 250 ~ 500 kg/m^2。

8.1.2.2　简单式屋顶绿化

简单式屋顶绿化是利用低矮灌木或草坪、地被植物进行绿化,不设置园林小品等设施,一般不允许非维修人员活动的简单绿化。简单式屋顶绿化以草坪地被植物为主,可配置宿根花卉和花灌木,讲求景观色彩。可用不同品种植物配置出图案,结合园路铺装,形成屋顶俯视图案效果。其荷载一般为 100 ~ 200 kg/m^2。

8.2　屋顶花园的安全要求

建造屋顶花园,必须考虑好安全要求,这其中包括建筑结构安全、活动人员的防护安全和出入口的设置等问题。

8.2.1　屋顶承重安全

屋顶的承重安全,主要是指建筑屋顶结构荷载是否安全、合理。屋顶荷载是指通过屋顶的楼盖梁板传递到墙、柱及基础上的荷载。结构上通常把屋顶结构所承受的荷载分为静荷载和活荷载两大类。静荷载通常指的是屋顶结构本身以及作为屋顶结构一部分的永久性构筑物产生的荷载,它包括屋顶结构自身各部分产生的荷载,以及防水、保温材料和长久使用的机械设备如空调设备、通风设备等产生的荷载。屋面构造层、屋顶绿化构造层和植被层等产生的荷载都属于静荷载。活荷载是指家具、可移动擦窗设备等临时设备，以及其他临时放置的物体所产生的荷载。雨、雪、风和屋顶绿化中活动人群产生的荷载都属于活荷载范畴。与静荷载相比，活荷载相对而言要小得多，但对它同样要重视。

8.2.1.1　屋顶花园相关材料荷载参考值

1)植物材料平均荷重和种植荷载

植物材料平均荷重和种植荷重参考值见表 8-1。

表 8-1　植物材料平均荷重和种植荷载参考值

植物类型	规格	植物平均荷重(kg)	种植荷载(kg/m^2)
乔木(带土球)	H = 2.0 ~ 2.5 m	80 ~ 120	250 ~ 300
大灌木	H = 1.5 ~ 2.0 m	60 ~ 80	150 ~ 250
小灌木	H = 1.0 ~ 1.5 m	30 ~ 60	100 ~ 150
地被植物	H = 0.2 ~ 1.0 m	15 ~ 30	50 ~ 100
草坪	1 m^2	10 ~ 15	50 ~ 100

注：选择植物应考虑植物生长产生的荷载变化，种植荷载包括种植区构造层自然状态下的整体荷载。

2)其他相关材料密度参考值

其他相关材料密度参考值见表 8-2。

表 8-2　其他相关材料密度参考值

材料	密度(kg/m^3)	材料	密度(kg/m^3)
混凝土	2 500	河卵石	1 700
水泥砂浆	2 350	豆石	1 800
青石板	2 500	钢质材料	7 800
木质材料	900		

8.2.1.2　其他荷载安全控制措施

屋顶绿化设计和建造时应将花架、水池、景石等质量较大的景观元素设置在建筑承重墙、柱位置，保证建筑整体结构的安全，因为承重墙、柱的荷载承受能力远远大于楼板的承重能力。绿化设计中要注意选用中小型植物材料，且要求在养护管理中进行整形修剪，保证植物形态的美观，并控制植物重量。

8.2.2　屋顶防护安全

8.2.2.1　防护围栏

为防止高空物体坠落，保护游人安全，屋顶周边应设置高度在 110 cm 以上的防护围栏、女儿墙或其他围挡设施。围挡的构造要进行防儿童攀爬的设计，围栏亦不能设置低矮的横向隔板。

8.2.2.2　出入口的设置

为了消防疏散等安全要求,屋顶绿化应设有两个出口,必要时应设置专门的疏散楼梯。屋顶花园的出入口选址要方便使用者的出入。理想的位置是在使用率最高的室内集散空间的附近,如公共餐厅附近等位置,这样人们很容易就能观赏到花园的景色,有助于增加花园的吸引力。另外,为了方便残疾人,出入口铺装高度要尽可能接近室内地坪的高度。

8.2.3　屋顶花园的构造组成

屋顶花园的构造组成见图 8-1。

1—大乔木;2—地下树木支架;3—与围护墙间空隙;4—环形排水管;
5—种植基质层;6—过滤层;7—渗水管;8—排(蓄)水层;9—隔根层

图 8-1　屋顶绿化的构造组成

由于受荷载的限制,屋顶花园的植物栽植会受到土层厚度的限制,在设计施工中要注意建筑结构承重、排水、防水等要求。创造条件,尽可能满足植物的需求,保证植物的正常生长。常见的屋顶绿化构造组成自下向上依次是:结构层→保温层→找坡层→普通防水层→耐根穿刺层→排(蓄)水层→过滤层→种植土→植被层(见图 8-2)。

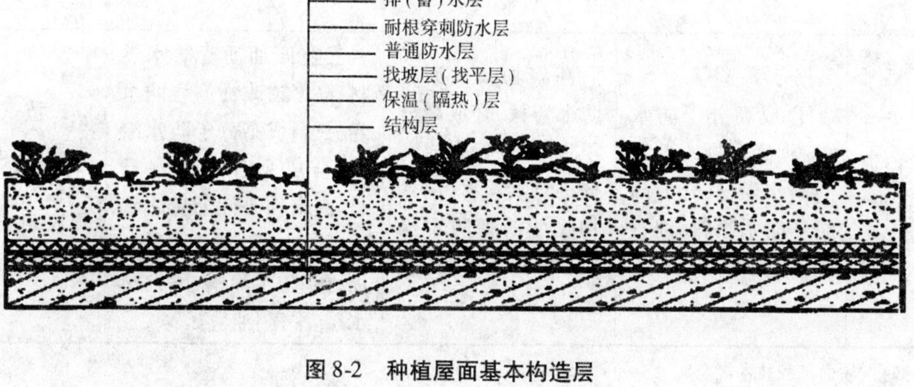

图 8-2　种植屋面基本构造层

这些结构组成有时独立设置,有时互相组合。例如,经过精心设计,常将排水层和蓄水层合为一体。在施工中,根据屋顶绿化需要进行选择设置。在简单式屋顶绿化和地下建筑顶板覆土绿化中,没有排水和过滤的需要时,就不用铺设排水层和过滤层。

8.3 屋顶花园的防水处理

屋顶花园的防水层包括普通防水层和耐根穿刺防水层。作用是保护建筑物不受绿化种植用水和植物根系的破坏,造成渗漏。除了在户外气候条件下具有良好的防渗漏性能外,尤其要具有耐植物根系穿透、耐腐蚀、耐微生物侵蚀等特点。

8.3.1 屋顶花园对建筑基层的要求

根据国家标准《屋面工程技术规范》(GB 50345—2004)及屋顶绿化实际要求,屋面坡度宜为2% ~3%。天沟、檐沟的纵向坡度不应小于1%,沟底落差不得超过200 mm。水落口周围直径500 mm范围内坡度不应小于5%,水落管径不应小于75 mm,屋面水落管的最大汇水面积宜小于200 m^2。

8.3.2 屋顶花园防水等级要求

根据国家标准《屋面工程技术规范》,国内将屋面工程防水按照建筑物的性质、工程特点、重要程度、使用功能要求、地区自然条件以及防水层耐用年限等,分为四级(见表8-3),并按屋面防水等级的设计要求,进行屋面防水工程的施工。屋顶绿化的防水等级要求比一般住宅防水高出一级,即应达到建筑二级防水标准,防水使用年限为15年。

表8-3　建筑屋面防水等级划分

项目	屋面防水等级			
	Ⅰ	Ⅱ	Ⅲ	Ⅳ
建筑物类别	特别重要的民用建筑和对防水有特殊要求的工业建筑	重要的工业与民用建筑、高层建筑	一般的工业与民用建筑	非永久性建筑
防水层耐用年限	25年	15年	10年	5年
防水层选用材料	合成高分子防水卷材、高聚物改性沥青防水卷材、合成高分子防水涂料、细石防水混凝土等	高聚物改性沥青防水卷材、合成高分子防水涂料、合成高分子防水卷材、高聚物改性沥青防水涂料、细石防水混凝土、平瓦等	三毡四油沥青防水卷材、高聚物改性沥青防水卷材、合成高分子防水涂料、合成高分子防水卷材、高聚物改性沥青防水涂料、细石防水混凝土、沥青基防水涂料、刚性防水层、平瓦、油毡瓦等	二毡三油沥青防水卷材、高聚物改性防水涂料、沥青基防水涂料

注:摘自《屋面工程技术规范》。

8.3.3　屋顶花园耐根穿刺防水材料的选择

随着国内防水工业和材料的发展进步，以及国外防水技术和理念的引进，耐根穿刺防水材料逐渐成为屋顶绿化工程防水施工的首选材料。

8.3.3.1　耐根穿刺防水材料的选择原则

(1)耐根穿刺防水材料的选用应符合国家相关标准的规定。

(2)应具有国内外相关检测机构出具的物理性能检测合格报告。

(3)应具有耐根穿刺防水卷材检测机构出具的合格证明。

(4)以目前国内防水市场所占份额较大的柔性防水卷材为主。

8.3.3.2　常用的耐根穿刺防水材料

耐根穿刺防水材料通常选用铅锡锑合金卷材、高密度聚乙烯(HDPE)和低密度聚乙烯(LDPE)土工膜、聚氯乙烯等，可以起到隔断根系以免破坏防水层的作用。

根据各种耐根穿刺防水层需要，其保护层可选用高密度聚乙烯土工膜、聚乙烯丙纶复合防水卷材、化纤无纺布、沥青油毡、1∶3水泥砂浆、C20 细石混凝土等。

8.3.4　屋顶花园防水工程施工要点

8.3.4.1　屋顶绿化防水设计要点

屋顶绿化防水层要二道设防，下道为普通防水层，上道必须选择耐植物根系穿刺的防水材料。上、下二道防水材料不许兼容。

8.3.4.2　耐根穿刺防水层施工要点

(1)种植屋面的防水工程施工是一项技术性强、标准要求高的防水材料再加工过程，因此必须由经过专业技术培训，熟悉施工规范和防水材料性能特点及适用范围的训练有素的专业防水施工队伍进行施工。

(2)不同的防水材料有不同的施工方法，在铺设前应根据实际情况仔细了解产品的性能和使用方法。

(3)不同耐根穿刺防水材料施工注意事项：

①铅锡锑合金防水卷材可空铺。铺设铅锡锑合金防水卷材前，应将普通防水层表面清扫干净，并弹线，搭接缝采用焊条焊接法施工，焊缝必须均匀，搭接宽度不应小于 5 mm。铺贴保护层前，防水层表面不得留有沙粒等尖状物。

②高密度聚乙烯土工膜宜空铺法施工。卷材搭接宽度为 100 mm，单焊缝的有效焊接宽度不小于 25 mm，双焊缝的有效焊接宽度为(10 mm × 2 + 空腔宽)，焊接严密，不得焊焦、焊穿。焊接卷材应铺平、顺直，变截面部位卷材接缝施工应采用手工或机械焊接。采用机械焊接时，应使用与压焊机配套的焊条焊接。

③聚氯乙烯防水卷材宜采用冷粘法铺贴，大面积采用空铺法施工时，距屋面周边 800 mm 内的卷材应与基层满粘。搭接缝采用热风焊接施工，卷材长边和短边的搭接宽度均不应小于 100 mm，单焊缝的有效焊接宽度为 25 mm，双焊缝的有效焊接宽度为(10 mm × 2 + 空腔宽)。

④铝胎聚乙烯复合防水卷材宜与普通防水层满粘或空铺，卷材搭接缝采用双焊缝焊

接时卷材搭接宽度为 100 mm,双焊缝的有效焊接宽度为(10 mm × 2 + 空腔宽)。

(4)防水保护层的施工要点:采用水泥砂浆保护层时,应抹平压实,厚度均匀,并设分格缝,分格缝间距宜为 6 m;采用聚乙烯膜、聚酯无纺布或油毡作保护层时,宜空铺法施工,搭接宽度不应小于 200 mm;采用细石混凝土作保护层时,保护层下面应铺设隔离层。

8.3.5　屋面防水层漏水原因分析和处理措施

8.3.5.1　原屋面防水层存在的缺陷

屋顶女儿墙和天沟沿口等节点处容易出现防水层渗漏,特别是刚性防水层在施工完成后可能会出现裂缝而漏水。分析产生裂缝的原因包括:屋面由于昼夜温差变化或太阳热辐射引起的热胀冷缩,屋面板受力后的翘曲变形,地基沉降或墙体承重后坐浆收缩等原因引起的屋面变动等。

8.3.5.2　屋顶绿化施工操作不当

在屋顶防水层上进行多项园林工程施工,容易因施工操作不当造成防水层破坏导致漏水。如在缺乏保护层的防水层上直接进行园林施工,即使不打洞穿孔或埋设固定铁件,施工不精心,仍会破坏屋顶防水和排水构造,造成屋顶漏水。

8.3.5.3　屋顶抗渗防漏问题的处理

当植物所使用的水肥呈一定酸碱性时,会对屋面防水层产生腐蚀作用,从而降低屋面防水性能。补救方法是在原防水层上加抹一层厚 1.5 ~ 2.0 cm 的火山灰硅酸盐水泥砂浆后再覆土种植。火山灰硅酸盐水泥砂浆与覆土层共同作用下,屋顶防水效果将更加显著。

8.3.6　屋顶花园防水性能的检查方法

屋顶花园防水性能的检查方法有积水法、喷淋法、电 – 脉冲法和烟气法等。

8.3.6.1　积水法

积水法必须在未绿化屋顶前进行。一般仅限于坡度小于 5% 的屋顶,因为砌筑檐口的砖砌体是一个封闭的整体,因此通过侧面升高的槽可形成屋面防水层。一般从防水层上渗漏的水会在水平方向上流动,并且会流到离雨水位置比较远的地方。

8.3.6.2　喷淋法

喷淋法必须在未绿化屋顶前进行。一般用于坡度大于 5% 的屋顶和有外挑檐的屋顶。方法是在屋顶平面以降雨的形式,在屋顶创造一个持续不断的水薄膜层。

8.3.6.3　电 – 脉冲法

电 – 脉冲法在绿化屋顶建造后且建筑构造厚度达 30 cm 时均可进行。方法是对需检查的平面灌满水或喷灌,在顶棚下边流出水的位置,固定一个电极且通过电缆连接传感器,在屋顶平面检查电流的变化情况,由于水的导电性,电流通过屋顶结构土的水时会发生变化,由此判断和检查出屋面防水层损坏的位置。

8.3.6.4　烟气法

烟气法必须在未绿化屋顶前进行。方法是打开屋面防水层,把防水层的烟气管焊上,通过烟气发生器把一些染过色的烟气从屋面防水层的背后挤压进去。在渗漏部位可观察到逸出的烟气,并可确定破损位置。如果水已经渗入保温层,可直接通过烟气管对保温层进行干燥，然后必须把烟气管的管口重新焊上。此方法优点在于检查无需用水即可进行，避免由于保温层湿透而引起的弊端。

8.4　排（蓄）水材料和隔离过滤材料

屋顶绿化排（蓄）水和过滤系统至关重要，是保证屋顶绿化安全持久的基础设施。根据屋顶绿化的不同类型，采用何种排（蓄）水和过滤系统，选择何种排（蓄）水材料和过滤材料，是屋顶绿化成果的关键环节，其重要性仅次于防水材料的选择。

8.4.1　屋顶绿化排（蓄）水材料的选择

8.4.1.1　排（蓄）水材料选择原则

（1）排（蓄）水层材料品种较多，为了减轻屋面荷载，应尽量选择轻质材料，建议优先选用塑料、橡胶类凹凸型排（蓄）水板或网状交织排（蓄）水板材料。

（2）应按照屋顶绿化实际工程所需的受压强度、排水量、流速以及现场条件等因素综合考虑选用。

（3）屋顶绿化工程排（蓄）水材料的排水量，应按照当地最大降雨强度时的雨水量或建筑屋面排水量加以计算并确定。

（4）年降水量小于蒸发量的地区，宜选用具有蓄水功能的排水板。

8.4.1.2　排（蓄）水材料类型

排水层所用材料有天然砾石、人工烧制陶粒、塑料排水板和橡胶排水板等。

1）由天然砾石制成的排水层

（1）卵石可作为排水层的材料，堆积密度 2 000 kg/m^3 以上，几乎不贮藏水分。

（2）熔岩和浮石为多孔的天然石，堆积密度 1 000 kg/m^3 左右，其多孔结构能在内部贮存水分，饱和水状态下的密度仍小于砾石。

2）由组合矿物质材料组成的排水层

陶粒、泡沫玻璃和砖瓦等建筑废料可作为排水层的材料，有一定的保温作用，有一定的孔隙，密度低。排水材料粒径在 4 ~ 16 mm 为宜，避免毛细管水上升浸湿种植层。陶粒排水层陶粒粒径不应小于 25 mm，堆积密度不宜大于 800 kg/m^3，铺设厚度宜为 100 ~ 150 mm。

陶粒（卵石）排水层的优点是价格低廉，排水性好；缺点是保水性差，排水层重量大（卵石为 1 800 kg/m^3），对屋顶荷载要求高，且因排水层厚度大，周边维护墙相对高度增加，施工难度加大。

3）塑料排水板

（1）塑料排水板，主要有聚苯乙烯、聚乙烯制成的排水板，运用聚乙烯泡沫垫、聚氨酯泡沫垫等排水材料。在形状设计上，采用凹凸变化的特殊设计，使得排水板在凹槽部分可贮存一定的水分，通过蒸发作用渗入到种植基质中以供植物使用。凹凸型排（蓄）水板的主要物理性能应符合表 8-4 的要求，塑料凹凸型排（蓄）水板种类见图 8-3。

表 8-4　凹凸型排(蓄)水板主要物理性能

项目	单位面积质量(g/m^2)	凹凸高度(mm)	抗压强度(kN/m^2)	抗拉强度(N/50 mm)	延伸率(%)
性能要求	500 ~ 900	≥7.5	≥150	≥200	≥25

塑料排水板作排水层材料,其优点是具有较好的蓄水能力,抗压性强,排水性好,板体轻薄,容易搬运,施工便捷。可根据土壤厚度选用不同规格的板体,对屋面防水层可起到一定的辅助保护作用,其缺点是价格较贵。根据使用材料和规格不同,价格为 2 ~ 80 元/m^2 不等。

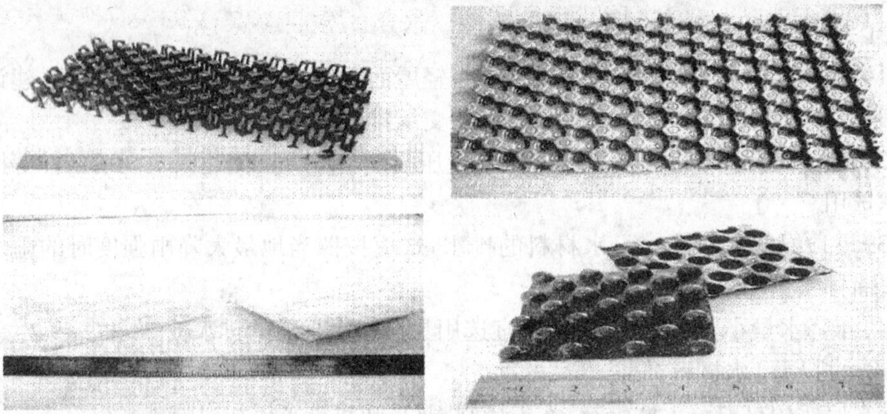

图 8-3　塑料凹凸型排(蓄)水板种类

(2)塑料网状交织排水板(见图 8-4)。塑料网状交织排水板由丝状体聚酰胺材料交织制成。

图 8-4　聚酰胺网状交织排(蓄)板类型

4)橡胶排水板

橡胶排水板的主要物理性能应符合表 8-5 的要求。

橡胶排水板作为排水层材料,其优点是具有较好的排水能力,抗压性强,施工便捷,可根据土层厚度选用不同规格的板体,适合于大面积屋顶绿化或地下设施覆土绿化。通过屋顶绿化施工案例调查,其缺点是排水速率过快、保水性差、灌溉要求高。

表 8-5　橡胶排水板规格及性能参数

名称	规格及性能	名称	规格及性能
产品尺寸	500 mm×500 mm/1 000 mm×1 000 mm	硬度	75±3(邵氏 A)
单片重量	1.75 kg/7 kg	老化系数	≥0.65(90 ℃×24 h)
拉伸强度	≥15 kgf/cm^2	脆化温度	≥-30 ℃
伸长率	≥150%	板孔排水量	≥18 m^3/h
永久变形	≤30%	板下排水量	≥10 m^3/h
撕裂强度	≥4 N/m	体系排水量	≥1 m^3/h

8.4.2　屋顶花园过滤材料的选择

设置过滤材料的目的是防止屋顶绿化种植基质随浇灌和雨水而发生流失，从而影响种植基质的成分和养料，同时避免造成建筑屋顶排水系统的堵塞，保持整体建筑排水畅通。

8.4.2.1　屋顶绿化过滤材料选择原则

(1)过滤层材料滤水速率应不小于 2.5 m/s。

(2)应选择聚丙烯或聚酯无纺布，质量为 150～300 g/m^2 的过滤层材料。

(3)无纺布材料宜选用尺寸稳定性好的长纤维材料。

8.4.2.2　屋顶花园过滤层材料类型

屋顶绿化过滤层材料主要为无纺布(见表 8-6)，无纺布材料单位面积质量用 g/m^2 表示。如果单位克数太小，过滤层材料过薄，施工当中很容易损坏，起不到阻止种植基质流失的作用；如果单位克数太大，过滤层材料过厚，又容易造成过滤层材料渗滤水速度太慢，从而不利于屋面排水。

经过屋顶绿化施工案例的调查，同时对比不同屋顶绿化的后期使用效果，适合于屋顶绿化的过滤层材料，单位面积质量要求为 150～300 g/m^2。

表 8-6　无纺布材料主要物理性能

序号	分类	工艺过程
1	水刺无纺布	将高压微细水流喷射到一层或多层纤维网上，使纤维相互缠结在一起，从而使纤网得以加固而具备一定强力
2	热合无纺布	在纤网中加入纤维或粉状热熔黏合加固材料，纤网再经过加热熔融冷却加固成布
3	浆粕气流成网无纺布	采用气流成网技术将木浆纤维板开松成单纤维状态，然后用气流方法使纤维凝集在成网帘上，纤网再加固成布
4	湿法无纺布	将置于水介质中的纤维原料开松成单纤维，同时使不同纤维原料混合，制成纤维悬浮浆，悬浮浆输送至成网机构，纤维在湿态下成网再加固成布
5	纺黏无纺布	在聚合物已被挤出、拉伸而形成连续长丝后，长丝铺设成网，纤网再经自身黏合、热黏合、化学黏合或机械加固方法，使纤网变成无纺布

8.4.3　屋顶绿化排(蓄)水层设计与施工

8.4.3.1　排(蓄)水层的设计要求

(1)排(蓄)水层应结合排水沟分区设置。

(2)应有完善的排水系统设计。排水设计应考虑特大暴雨时的应急排水措施,排水层必须与排水系统(排水管、排水沟、水落口等)连接以保证排水畅通。

(3)排(蓄)水层可设计明沟排水或暗沟排水。排水明沟设计可设置在屋面四周,距女儿墙不少于300 mm,形成排水通道。暗沟排水设计时应设置排水检查孔,并每间隔一定距离设排水孔,确保排水畅通。

8.4.3.2　排(蓄)水层(图8-5)施工要点

(1)用陶粒(或卵石)材料作排水层使用时,要注意保障防水层不被破坏。由于陶粒(或卵石)大小不匀,其棱角容易损坏或穿透防水层,因此施工时应在防水层上部做水泥砂浆刚性保护层,并且预先在刚性保护层上铺设厚度2 cm的一层细沙(粒径1～2 mm)。

(2)橡胶排水板作排水层使用时,应注意满铺处理,其上应设置过滤层和保湿层,其下应辅助使用疏水剂,以保证屋顶防水安全、万无一失。

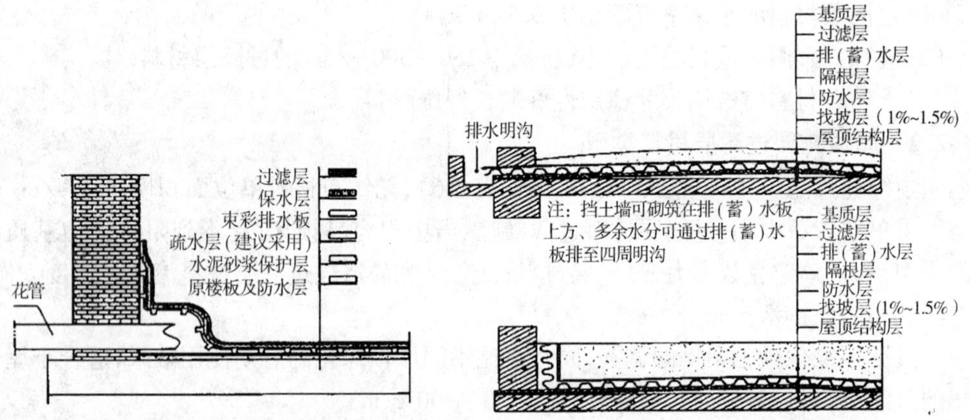

图8-5　屋顶花园排(蓄)水板铺设方法

(3)用塑料排(蓄)水板作排水层材料使用时,应注意保障防水层不被破坏。在普通防水层上施工时建议做水泥砂浆刚性保护层,并设置隔根膜(聚乙烯等)起到辅助防水的作用。

排水板应铺设平整,搭接缝部位凹、凸搭扣应套牢固定。不同类型的屋顶绿化以及不同的植物种类,应采用材料、规格不等的排(蓄)水板材料(见图8-6)。

(4)当屋面坡度较大(坡度不小于5%)时,屋顶绿化排(蓄)水层材料必须采取防滑措施,通常采用胶结剂于屋面防水刚性保护层上进行点粘处理。

(5)在排水层施工时要注意,施工前应清理屋面,屋面无凸起杂物或凹坑,在屋顶绿化种植基质较薄时(≤10 cm),屋面平整度要小于1 cm,避免产生积水坑。

(6)排水板应与屋面找坡方向呈垂直方向铺设,按照坡度方向自上而下以屋面瓦方

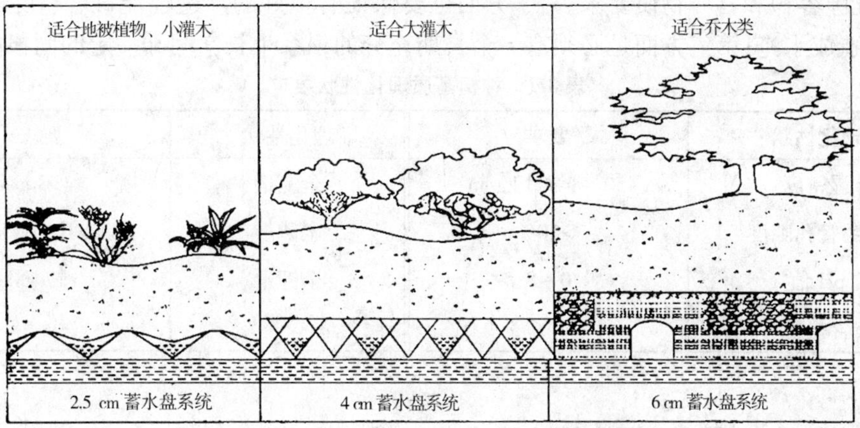

图 8-6　塑料排蓄水板规格与种植形式

式逐步进行铺设、叠加和搭接。铺设完毕后不宜暴晒，应立刻铺设施工通道，并及时覆土或浇筑混凝土。

(7)设置种植挡土墙时，挡土墙下部应设泄水孔或排水管。挡土墙宽度应不小于 150 mm，高度可视种植基质厚度确定。挡土墙顶部高度应比种植基质高不少于 30 mm。

(8)施工时应根据排水口设置排水观察井，并定期检查屋顶排水系统的通畅情况。及时清理枯枝落叶，防止排水口堵塞。

8.4.4　屋顶绿化过滤层设计与施工要点

8.4.4.1　过滤层的设计要求

(1)根据屋顶绿化不同类型，选择单层卷状材料或双层组合的卷状材料。花园式屋顶绿化宜采用双层材料组成的卷状材料，简单式屋顶绿化宜采用单层卷状材料。

(2)过滤层材料必须与排(蓄)水材料配合使用。

(3)过滤层材料的搭接宽度不应小于 150 mm。

(4)过滤层应沿种植基质周边向上铺设，并与种植基质同一高度。

8.4.4.2　过滤层施工要点

(1)单层卷状材料使用时，一般为聚丙烯或聚酯无纺布材料。材料宽度为 2.0 ~ 4.0 m，长度 100 ~ 300 m 不等，单位面积质量必须大于 150 g/m^2。过滤层材料直接铺设在排(蓄)水层上面，搭接缝的有效宽度必须达到 10 ~ 20 cm。

(2)双层组合的卷状材料使用时，上层是过滤兼有蓄水功能的蓄水棉，单位面积质量为 200 ~ 300 g/m^2，下层为起过滤作用的聚丙烯或聚酯无纺布材料，单位面积质量为 100 ~ 150 g/m^2。将无纺布滤水层一道敷设在排(蓄)水层上，并且在种植池四周上翻延伸，高度必须与种植基质齐高，端部收头必须用胶粘剂粘结(粘结宽度不小于 50 mm)或金属条固定。

8.5　种植基质层

对于种植基质层有许多要求(见表 8-7)。一方面必须满足植物生长的条件，如贮水能力、孔隙容积和营养物质要求；另一方面也要保证有很好的渗透性能，以便在强降水时不至于造成水淹；第三方面是必须有一个长期充分的根系生长空间和一定的固根能力。

表 8-7 种植基质理化性状要求

理化性状	要求	理化性状	要求
湿密度	450～1 300 kg/m³	全氮量	>1.0 g/kg
非毛管孔隙度	>10%	全磷量	>0.6 g/kg
pH 值	7.0～8.5	全钾量	>17 g/kg
含盐量	<0.12%		

8.5.1 花园式屋顶绿化的种植基质

花园式屋顶绿化要求植物生长达到最佳化，形成状态稳定的植物群落。这就要求使用相适应的种植基质。目前，常用的种植基质主要包括改良土和轻型无机基质两种类型。

8.5.1.1 改良土

改良土一般由田园土、排水材料、轻质骨料和肥料混合而成。用于花园式屋顶绿化时，必须要注意，有机物质成分绝对不能超过基质体积的 40%，否则在植物生长过程中会出现基质沉陷现象，这样会使根的生长空间减少。由于花园式绿化在管理上是定期维护，因此种植基质能够储存 30% 体积的水就足够了。

如果要种小乔木，使用改良土时厚度需要 100 cm 左右。施工时，基质不能作单层处理，因为基质底部的有机物分解时会腐烂，这时应作两层结构处理。上层用配制好的改良土，自 60 cm 以下，要尽可能不用有机成分，可由 60% 体积的弱碱性的沙质底土和 40% 体积的砂骨料组成。屋顶绿化基质荷重应根据湿密度进行核算，不应超过 1 300 kg/m³。

8.5.1.2 轻型无机基质

轻型无机基质是采用非金属矿物质，根据土壤的理化性状及植物生理特点研制生产的“人工土壤”，具有轻量、洁净、排水通透、保水保肥、施工简便、适宜植物生长等优良特性。其特有的团粒多孔结构更加适宜植物的根系发育，对树木具有良好的固着作用。定量设计的可调节的阳离子交换能力（CEC）使其能有效控制树木等植物的快速生长，缓解了因树木快速生长而导致的荷重增加与建筑荷载之间的矛盾，使用这种基质时需要配合排水材料和表面覆盖材料一起使用。

目前常用的改良土与轻型无机基质的理化性质见表 8-8。

表 8-8 常用的改良土与轻型无机基质的理化性质

理化指标		改良土	超轻量基质
密度（kg/m³）	干密度	550～900	120～150
	湿密度	780～1 300	450～650
导热系数		0.5	0.35
内部孔隙度（%）		5	20

续表 8-8

理化指标	改良土	超轻量基质
总孔隙度(%)	49	70
有效水分(%)	25	37
排水速率(mm/h)	42	58

8.5.1.3　种植基质配制

常用的种植基质类型和配制比例见表 8-9,可在建筑荷载和基质荷重允许的范围内,根据实际酌情配制。

表 8-9　常用基质类型和配制比例参考

基质类型	主要配比材料	配制比例	湿密度(kg/m³)
改良土	田园土: 轻质骨料	1:1	1 200
	腐叶土: 蛭石: 沙土	7:2:1	780 ~ 1 000
	田园土: 草炭: (蛭石和肥)	4:3:1	1 100 ~ 1 300
	田园土: 草炭: 松针土: 珍珠岩	1:1:1:1	780 ~ 1 100
	田园土: 草炭: 松针土	3:4:3	780 ~ 950
	轻沙壤土: 腐殖土: 珍珠岩: 蛭石	2.5:5:2:0.5	1 100
	轻沙壤土: 腐殖土: 蛭石	5:3:2	1 100 ~ 1 300
轻型无机基质	无机介质	—	450 ~ 650

注:基质湿容量一般为干密度的 1.2 ~ 1.5 倍。

8.5.2　简单式屋顶绿化的种植基质层

简单式屋顶绿化的植物,通常选择耐旱的植物种类。生长过程中,不要求植物长势达到最佳化。种植基质选择的关键是保证植物根系有稳定的生长空间并且没有杂草,满足植物基本的水肥需求。

施工中,配制简单式绿化基质的原材料和花园式绿化相似,但要降低有机物质的含量。常用的材料有膨化黏土及带密集孔隙的天然石、沙等组成的混合物。厚度一般为 8 ~ 10 cm,10 cm 厚的基质在饱和水状态下荷载为 90 ~ 110 kg/m²。

根据实际需要,简单式绿化的种植基质层有双层和单层两种构造方式。

8.5.2.1　双层构造方式

有一些简单式绿化同标准的三层建筑构造排水层、过滤层和种植基质层不一样,仅由排水层和种植层组成。施工时,要避免有泥沙阻塞出水口,种植层必须尽可能用细粒成分组成,以便和下面的排水层组成稳定的过滤层。由于安全原因,要尽可能避免使用双层构造方式。

8.5.2.2　单层构造方式

单层构造方式是将排水层、过滤层和种植基质层合为一体。

单层构造的有机物质的含量不能超过体积的5%。当使用有足够储水能力的混合物时,可不用添加有机物。这样会使植物的生长能力降低,相应的发育周期也会延长。为了改善储水能力和营养成分,可加上一定量的稀土粉。

施工中,单层构造在屋顶排水坡度低于2%的时候不允许使用,因为此时排水性能不好,易造成积水,对植物造成伤害。

8.5.3 屋顶绿化种植土厚度要求

屋顶绿化乔、灌、草植物对种植基质厚度有不同要求。屋顶花园种植小乔木、灌木和花卉、地被植物等,种植土层平均厚度要求不小于300 mm;简单式屋顶绿化,种植土层厚度要求不小于100 mm。按照植物种植情况合理调整种植基质厚度(见表8-10),并可利用树池或局部微地形处理进行乔木、灌木栽植。

表8-10 屋顶绿化植物生长适宜的种植基质厚度

屋顶绿化种植模式	植物种类	种植基质深度(cm)
简单式屋顶绿化	地被植物	30~35
	宿根花卉	30~35
	草坪	25~30
花园式屋顶绿化	小乔木	80~100
	大灌木	60~80
	灌木	35~60
	地被植物	30~35
	宿根花卉	30~35
	草坪	25~30

8.5.4 屋顶绿化种植基质施工程序

8.5.4.1 施工流程

一般施工流程见图8-7。

8.5.4.2 施工要点

(1)在屋顶绿化工程覆土时,种植基质注意不要过分踩实,否则会使种植基质结构遭到破坏,其结构透气性和保水性大大降低。

(2)后期养护管理浇水方式对基质的水、气关系也有很大影响。种植基质覆土越浅越需要少量多次,以避免破坏种植基质的透气性。

(3)分层次、喷淋式均匀浇水,浇透水后均匀压实。

(4)乔、灌木移栽要求为容器苗或带土球移植,苗木移栽后一定要踩实,以保证保水效果及成活率。

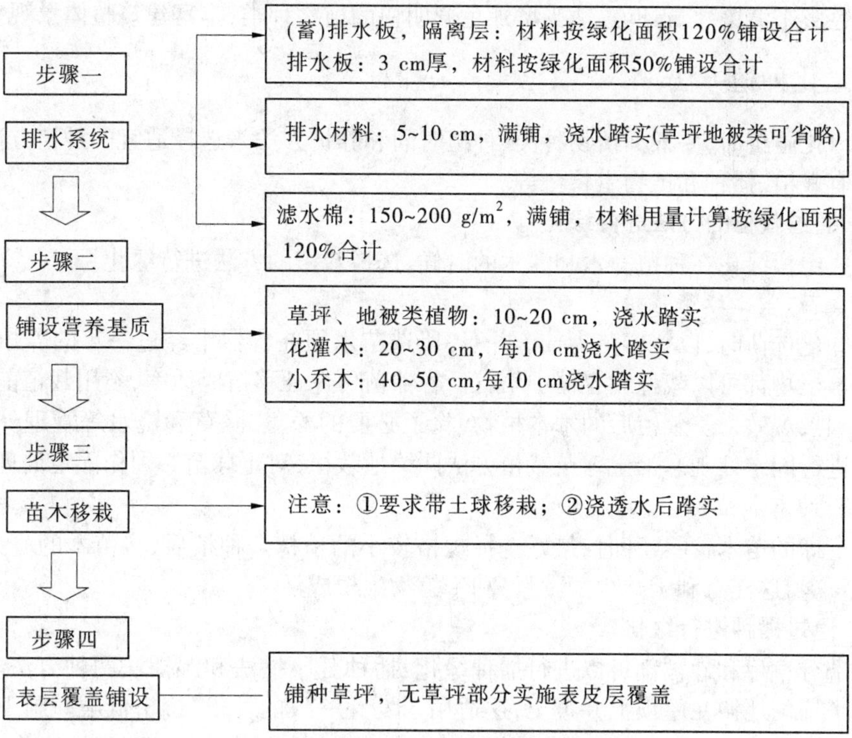

图 8-7　施工流程

8.6　植物选择与种植

植物选择与种植是屋顶绿化中最重要的一个环节，其他所有措施都是为了屋顶上植物的成活和生长。屋顶绿化植物的正常生长受许多因素的影响，如基质厚度、屋面倾斜角度、光照和局部小气候等。在绿化种植中，要全面了解植物本身的特性，了解植物对生长环境及维护管理的要求，做到合理地选择利用植物，使功能和种类的选择恰当地结合起来。

8.6.1　植物选择

花园式屋顶绿化对植物选择的限制较小，在植物选择上和地面绿化相似，理化性质好的基质加上正常的养护，为花园式屋顶绿化创造了有利条件。和地面绿化相比，屋顶绿化植物要求喜光和抗风能力强，特别是在较高的建筑物上。

在植物配植时，以小型乔木、灌木和草坪、地被植物组成的复层结构为主。乡土植物和引种成功的植物应占绿化植物的 80% 以上。种植时应形成长期郁闭的状态，阻止外来竞争植物的生长，为植物提供适宜的生长条件。

在施工中，要选择体量适宜的植株，确定合理的种植距离。对于体形大的乔灌木，种植距离取决于植物成形后的体量。对于体量较小的植物，可以栽植得密集一些，待长到一定程度时，再进行移栽，这样可以保证绿化的前期景观效果。植物选择时还要注意利用丰富的植物色彩来渲染建筑环境,适当增加色彩明快的植物种类,丰富建筑整体景观。

8.6.2 绿化种植方法

屋顶绿化施工时,要根据植物种类、种植时间和养护方法来选择适宜的种植方法。常用的方法有栽植、播种和植物生长垫等。

8.6.2.1 通过栽植的方法进行绿化

花园式屋顶绿化在种植乔木和灌木的时候,选择栽植的方法进行绿化。

1)容器苗、带土球苗栽植

屋顶绿化选苗时,以容器苗为佳。并且,所选苗木须在容器中经过一年的养植,几乎所有的木本植物都可以栽种在容器中培育。容器苗可保证移植成活率,不用栽植前修剪,能迅速达到景观效果。栽植后的木本植物,除了必要的松土、除草和浇水等管理外,还应该对植株进行固定处理。带土球苗栽植方法同绿地栽植,对土球苗必须作固定处理。

2)裸根的木本植物

没有土球的苗木,在栽种时,最好选择规格较小的植株。种植后,将苗木的一大部分枝条进行重剪,这样有利于减少蒸腾量,利于植物生根成活。

8.6.2.2 通过播种进行绿化

绝大部分草坪和地被都可以进行播种绿化,播种分干播法和湿播法两种方法。干播法是将种子均匀地撒在屋顶上并覆土,这适用于发芽一致的种子,价格低廉。施工时,用沙、锯屑等混合,用于撒播。湿播法是将种子和水、黏合剂混合在一起,用喷枪均匀地喷播。这适合于倾斜角度较大的屋面,使用黏合剂起到短时间固定的作用。

8.6.2.3 用植物生长垫绿化

植物生长垫是将预先制作好的生长基质与植物组合在一起,多用于简单式屋顶绿化,如佛甲草种植块。使用生长垫进行绿化,施工快捷方便,植物缓苗期短。生长垫一般用塑料再生物或有机肥料制成。

8.6.3 植物固定技术

屋顶绿化必须考虑到自然界暴风、骤雨等自然力的影响所存在的植物风倒隐患。屋顶绿化必须对种植在屋顶、高度大于2 m的树木进行防风固定处理。固定方法有两种,一种是地上牵引、支撑固定;另一种是地下埋件,地上牵引、支撑固定(见图8-8)。

8.7 垂直绿化的形式及适宜的绿化材料

藤本植物沿立面向空间发展而形成“垂直绿化”或“立体绿化”,既装饰了建筑外表,为城市立体景观增添自然的生机,还能够改善城市的生态系统和生活环境。利用藤本植物的缠绕性、吸附性、钩攀性、卷须性等生长特点进行垂直绿化,包括墙面绿化、围墙与护栏绿化、花架绿化,这是向空中发展立体绿化的重要途径。

8.7.1 附壁式墙面绿化

在楼侧墙下的地面种植槽或容器中种植具有吸盘或气根的藤本植物,使之依附建筑

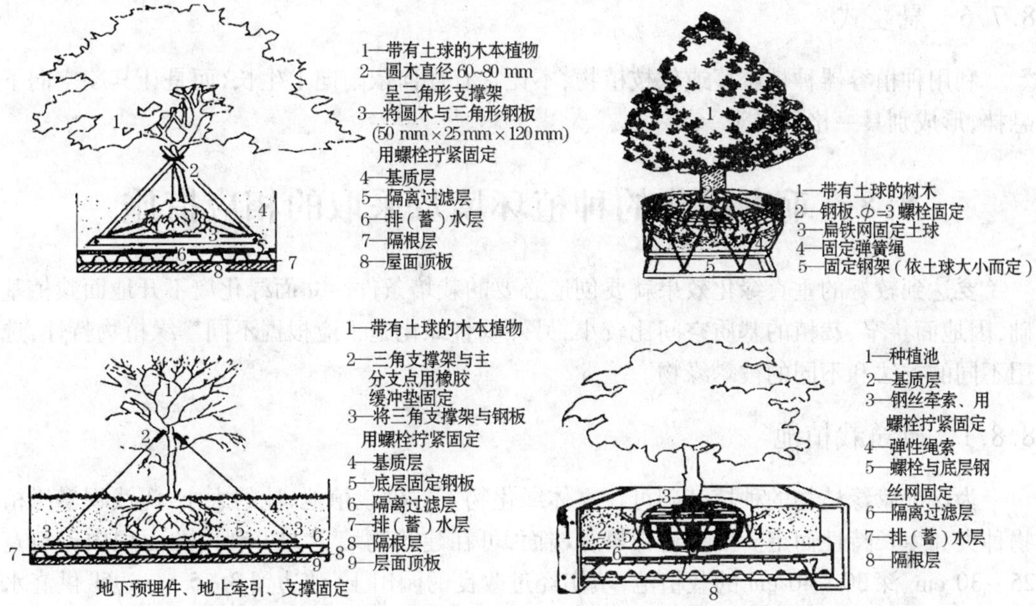

图 8-8　屋顶绿化树木固定方法

物立面延伸扩张，形成绿色壁毯。附壁式墙面绿化主要利用吸附类藤木，如中国地锦、美国地锦、扶芳藤、常春藤等。

8.7.2　篱垣式围墙与护栏绿化

利用藤本植物把篱架、矮墙、护栏、铁丝网等硬性单调的土木构件进行装饰，变成枝繁叶茂、郁郁葱葱的绿色围栏，既美化环境，又隔声、避尘，还能形成令人感到亲切安静的封闭空间。主要利用钩攀类或缠绕类藤木，如蔷薇、藤本月季、金银花等。

8.7.3　棚架式花架绿化

利用花架的花池或走廊侧边种植藤本植物，引导向上而覆盖花架，走廊的顶部、侧面，形成荫棚或绿廊。常用的主要是缠绕类的藤木，如三叶木通、紫藤、凌霄、杠柳等。

8.7.4　坡面绿化

坡面绿化用于土坡、假山石的绿化美化。利用藤本攀附于种植坡面既美化景观又可稳定坡面土壤，防止浇水或雨水冲刷。

8.7.5　植物立体造型

可以利用缠绕类藤木将造型的框架完全包覆起来，用藤本植物给以整形或绑扎，而形成绿色门洞、景窗。顶死树枝把藤本植物牵引向上，形成枯木逢春般浓密的绿色景观，在各大名胜古迹经常见到。

8.7.6 悬蔓式

利用种植容器种植藤蔓或软枝植物,不让它有任何依附向上生长,而是让其凌空向下悬挂,形成别具一格的景观。

8.8 垂直绿化的种植环境及采取的相应措施

要达到较好的垂直绿化效果就要创造必要的栽培条件。立面绿化离不开地面栽植基础,因地面狭窄,栽植的基质空间比较小,另外垂直绿化施工应根据不同攀缘植物特性,选用不同的方法和不同的被攀缘物。

8.8.1 砌筑栽植池

为保证攀缘植物的种植基础可在立体绿化物下方砌栽植池,池的大小、深浅视攀缘植物种类和生长特性而定。如用地锦攀缘墙面,可在建筑物墙下方可利用的面积内砌筑宽25 ~ 30 cm、深30 ~ 40 cm 的栽植池,填实经过改良的园田土,池边留3 ~ 5 cm 边沿供浇水用。如栽植的是葡萄、猕猴桃或植株高大粗壮的紫藤等,栽植池应适当加大些,土层也要深厚些。

8.8.2 建筑物散水的改造和利用

可将藤本种在散水外绿地内,缺点是植株上墙需要牵引。也可破散水砌成种植池,池内填充种植土,将植株栽在池内,便于牵引上墙,管理简便。亦有在散水上砌成栽植池,或在散水上放置大型容器,将植株栽在容器内,此法水肥管理费事。

8.8.3 容器栽植

在不便于砌筑栽植池的地方,可用大木箱或大型容器进行栽植,箱或大型容器的大小视攀缘植物种类和栽植条件而定,要选用肥力较高、透水、透气性能好的基质作栽植土。常于立交桥区悬蔓式种植时应用。

8.8.4 建立支架

花架是藤本的载体,可做成立体的也可做成单面的。

立体支架适用于缠绕类藤本,如紫藤、木香、南蛇藤、杠柳、金银花等。

单面支架,其中包括常见的栏杆,需要人为的牵引,如藤本月季、金银花等。单面花架也常用在墙的立面,引导吸附类的藤本向上爬行,如立交桥的墙根绿化,可克服一些藤本对墙面吸附的困难。

采用缠绕性和蔓性的攀缘植物如金银花、藤本月季等时,要立支架,可以用竹竿、绳等牵引,也可根据绿化需要建棚架、栏杆。

8.9　栽植的要求

8.9.1　栽植密度的要求

8.9.1.1　用于墙面及立面绿化的种植密度

应依据树种生长速度和预计几年后生长空间来决定种植密度。如地锦类,尤其是美国地锦,生长快、吸盘节间长、生长量大,枝条能很快爬满墙。如果栽植密度过大,枝条会过多,互相拉扯,造成枝条脱落墙下的危险。

栽植的密度是:在散水上砌栽植池,凌霄、美国地锦每米栽 1 株,效果很好。中国地锦每米种 2 株。考虑每年修剪和空间占有,用于篱笆种植的藤本月季每米 3 ~5 株。

8.9.1.2　用于棚架绿化的种植密度

用于棚架绿化的紫藤、木香、金银花等因种植池面积有限、种植过密反而影响生长,有很多老的藤萝架,整架只一株树。在实际工程应用中,枝干粗大的紫藤、葡萄 1 ~2 株/m,枝干较粗,生长发育快的木香 2 ~3 株/m,金银花、铁线莲等 3 ~5 株/m。

8.9.2　栽植前的修剪

藤本的栽前修剪主要目的是保成活率,因其没有树冠,修剪以短截为主,每株留 2 ~3 个主枝即可。如地锦、美国地锦选苗越粗越好,任其苗有多长,只留 0.5 ~1 m 进行短截,目的是先养根系,根的发育是藤本生长的基础。

对于生长发育慢,年生长量小的如紫藤则修剪应放量,根据生长势,短截不应过短。

8.9.3　藤本栽植土的改良

藤本大都属于下木,生活在林缘或树下,其生长环境土壤肥力较强,这些藤木的生态习性是喜肥。以藤本月季为例,20 世纪 90 年代初北京开始引进、繁育、推广,但始终未能达到预期的“三季有花”的景观效果。2003 年海淀中关村路和相继西北三环路中心隔离带绿化工程,栽植的藤本月季长势和观赏效果格外喜人,花繁叶茂,关键是栽植基质进行了改良,掺加一定比例草炭土和有机肥,盛花期前后紧追施复合肥。立体绿化种植基础面积有限,因此土壤基质改良至关重要。

参考文献

[1] 钱晓倩.建筑工程材料手册[M].杭州:浙江大学出版社,2009.
[2] 曹文达.新编建筑工程材料手册[M].北京:中国电力出版社,2005.
[3] 杨光华.建筑工程材料[M].重庆:重庆大学出版社,2004.
[4] 曹文达,曹栋.建筑工程材料[M].北京:金盾出版社,2004.
[5] 田建林.园林工程施工[M].北京:中国建材工业出版社,2009.
[6] 钱剑林.园林工程[M].苏州:苏州大学出版社,2009.
[7]《施工员一本通》编委会.施工员一本通[M].北京:中国建材工业出版社,2008.
[8] 李敏,周琳洁.园林绿化建设工程的营造技术[M].北京:中国建筑工业出版社,2008.
[9] 郭丽峰.园林工程施工便携手册[M].北京:中国电力出版社,2006.
[10] 田建林.园林假山与水体景观小品施工细节[M].北京:机械工业出版社,2009.
[11] 邵忠.江南园林假山[M].北京:中国林业出版社,2002.
[12] 闫宝兴,程炜.水景工程[M].北京:中国建筑工业出版社,2005.
[13] 刘学贤.建筑技术构造与设计[M].北京:机械工业出版社,2009.
[14] 李永兴.园林工程技术[M].北京:中国劳动社会保障出版社,2008.
[15] 祝遵凌,王瑞辉.园林植物栽培养护[M].北京:中国林业出版社,2005.
[16] 田如男,祝遵凌.园林树木栽培学[M].南京:东南大学出版社,2001.
[17] 孟兆祯,毛培琳,黄庆喜.园林工程[M].北京:中国林业出版社,1996.
[18] 郭学望,包满珠.园林树木栽植养护学[M].北京:中国林业出版社,2004.
[19] 徐峰,封蕾,郭子一,屋顶花园设计与施工[M].北京:化学工业出版社,2007.
[20] 黄金锜.屋顶花园设计与营造[M].北京:中国林业出版社,1994.
[21] 张建林,园林工程[M].北京:中国农业出版社,2002.
[22] 刘卫斌.园林工程[M].北京:中国科学技术出版社,2003.
[23] 丁绍刚.风景园林·景观设计师手册[M].上海:上海科学技术出版社,2009.
[24] 朱志红.假山工程[M].北京:中国建筑工业出版社,2009.
[25] 王先杰.水景观与假山造景[M].北京:化学工业出版社,2009.
[26] 中国风景园林学会园林工程分会,中国建筑业协会古建筑施工分会.园林绿化工程施工技术[M].北京:中国建筑工业出版社,2007.